KB059200

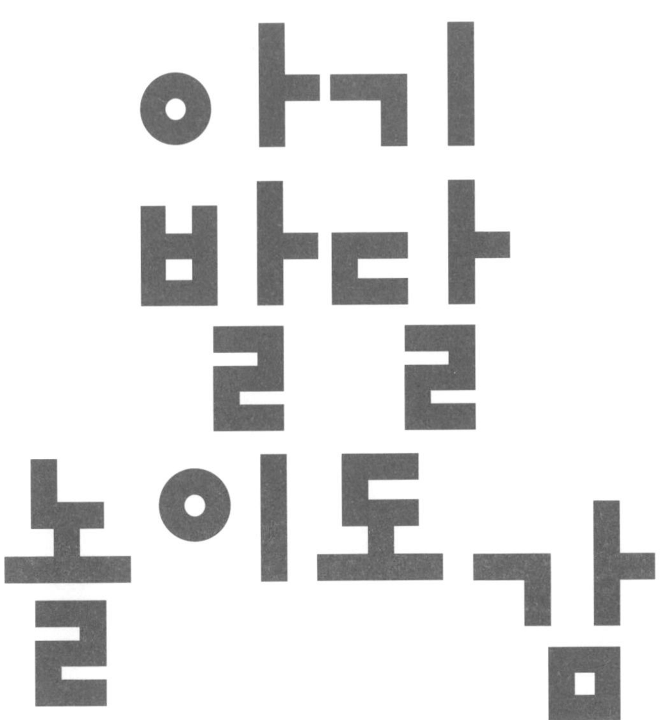
아기 발달 놀이도감

KOKORO TO KARADA GA NOBINOBI SODATSU 0~2 SAIJI NO ASOBI ZUKAN

Supervised by Nana HATANO
Illustrations by MOCHICO
First published in Japan in 2018 by IKEDA Publishing Co., Ltd.
Korean translation rights arranged with PHP Institute, Inc.
through Imprima Korea Agency.

0~3세
몸과 마음이 쑥쑥 자라는
생활 속 놀이 156

아기 발달 놀이도감

이케다쇼텐 편집부 지음
백운숙 옮김

지식너머

이 책을 손에 든 초보 부모에게

아이와 단둘이 보내는 오후, 어떻게 놀아야 할지 눈앞이 깜깜해진 적은 없나요? 아침부터 무엇이 못마땅한지 줄곧 울기만 하는 아이를 달래려고 애쓰다 덩달아 울고 싶어진 적은 없나요? 이 책은 그런 경험이 있는 초보 부모를 위한 응원가입니다.

이 책에 마법 같은 놀이는 없습니다. 특별한 놀이 비법도 없습니다. 그 대신 '이런 것도 놀이가 될 수 있구나!'라는 생각이 들 만큼 일상에서 쉽게 할 수 있는 놀이로 가득합니다. 아이와 노는 일에 부담을 덜어주는 책입니다.

시점을 바꿔보세요. 날마다 반복하는 육아에서, 무심코 하는 산책에서 즐거움의 씨앗을 발견한다면 그 자체로도 훌륭한 놀이입니다.

특별한 놀이를 해야만 아이가 즐거워하는 것이 아닙니다. 놀이 내용은 무엇이든 상관없습니다. 엄마와 아빠가 즐거운 마음으로 아이에게 "재미있어"라는 메시지를 보내면 아이도 즐거움을 느낍니다.

하지만 부모가 아이에게 무조건 즐거움을 강요하면 아이는 공감하지 못합니다. 아이의 인지·운동·감정 발달은 어른과 매우 다릅니다. 그 특성을 잘 이해하면 아이와 함께하는 시간을 즐겁게 보낼 수 있습니다.

애정을 듬뿍 담아 이 책을 기획한 편집자, 마음이 한없이 따뜻해지는 그림을 그린 일러스트레이터 모두 아이를 키우는 엄마입니다. 저 또한 아이를 키우던 시절을 떠올리며 책을 감수했습니다. 이 책이 여러분의 즐겁고 반짝반짝 빛나는 육아 생활에 도움이 되길 바랍니다.

감수자 하타노 나나

Contents

프롤로그 · · · 004

준비 운동 · · · 010

출생~생후 2개월

주로 잠을 자는 시기

눈앞에서 방긋 · · · 018

바람이 살랑살랑 · · · 020

흔들흔들 모빌 · · · 022

손바닥을 꾹꾹 · · · 024

말을 걸어요 · · · 026

뽀송뽀송 기저귀 마사지 · · · 028

머리 어깨 무릎 발 · · · 030

옹알이를 따라 해요 · · · 032

안아서 흔들흔들 · · · 034

어디로 갔을까? · · · 036

둥개둥개, 우리 아기 · · · 038

4단 변환 마사지 · · · 040

맑은 공기를 마셔요 · · · 042

부드럽게 터치 · · · 044

생후 3~4개월

고개를 가누는 시기

반짝반짝 죔죔 · · · 048

손을 뻗어요 · · · 050

영차, 대왕 쿠션 · · · 052

나뭇잎이 산들산들 · · · 054

잡아당겨요 · · · 056

손으로 빼끔빼끔 · · · 058

흔들면 소리가 나요 · · · 060

180도 세계 · · · 062

장난감이 다가와요 · · · 064

배 위에서 흔들흔들 · · · 066

같이 산책해요 · · · 068

촉감을 느껴요 · · · 070

생후 4~6개월

몸을 뒤집는 시기

애벌레가 데굴데굴 · · · 074

장난감을 잡아보자 · · · 076

곤지곤지 짝짜꿍 · · · 078

무릎에서 점프 · · · 080
장난감을 잡아요 · · · 082
따라 말해요 · · · 084
발로 힘껏 땡땡 · · · 086
없다 있다! · · · 088
거울 앞에서 방긋 · · · 090
주먹이 활짝 · · · 092
이름을 불러요 · · · 094
코코코 코! · · · 096
손잡고 율동해요 · · · 098

생후 6~8개월

스스로 앉는 시기

손수건이 술술 · · · 102
표정을 흉내 내요 · · · 104
몸이 빙글빙글 · · · 106
물건이 사라져요 · · · 108
나뭇잎 줄다리기 · · · 110
우리는 합주단 · · · 112
엉금엉금 기어가요 · · · 114
술래잡기 놀이 · · · 116
이불 길을 건너요 · · · 118
하나 둘 폴짝! · · · 120
말이 이랴! · · · 122
블록을 무너뜨려요 · · · 124
플라스틱 캡슐 놀이 · · · 126
터널을 지나가요 · · · 128
쿵쿵 짝짝짝 · · · 130
마라카스를 흔들어요 · · · 132

생후 9~11개월

잡고 일어서는 시기

상자를 옮겨요 · · · 136
어디 있을까? · · · 138
무릎 미끄럼틀 · · · 140
물이 출렁출렁 · · · 142
다리 사이로 안녕! · · · 144
같이 인사해요 · · · 146
잡아당기면 뽕 · · · 148
공을 굴려요 · · · 150
구멍에 퐁당 · · · 152
물건을 주고받아요 · · · 154
까꿍! · · · 156
여기 여기 붙어라 · · · 158

이런 놀이도 있어요 · · · 160

생후 12~24개월
스스로 걷는 시기

신발을 신고 걸어요 · · · 168
하이파이브! · · · 170
왔다가 갔다가 · · · 172
이리 오세요 · · · 174
낙엽 놀이 · · · 176
쑥쑥 줄을 꿰어요 · · · 178
높이 높이 쌓아요 · · · 180
자석을 붙여요 · · · 182
뚜껑을 빙글빙글 · · · 184
신문을 찍찍 · · · 186
크레파스로 그려요 · · · 188
표정이 다양해요 · · · 190
꺼내고 담고 · · · 192
여보세요 · · · 194
상자 모자 · · · 196
발등을 타고 하나, 둘 · · · 198
마법 손가방 · · · 200
동물 흉내 내기 · · · 202
나무를 쓰담쓰담 · · · 204
물을 부어요 · · · 206
가져다주어요 · · · 208
도토리가 달그락달그락 · · · 210
굴리고 던지고 · · · 212
집게를 빼요 · · · 214
나란히 나란히 · · · 216
모양을 맞춰요 · · · 218
스티커를 붙여요 · · · 220
울퉁불퉁 다리를 건너요 · · · 222
집안일을 도와요 · · · 224
뚝딱단추 기차 · · · 226
올라간 눈, 내려간 눈 · · · 228
나는 누구일까? · · · 230
손수건 바나나 · · · 232
뜰 수 있을까? · · · 234
팔다리에 끼워요 · · · 236
타월이 보글보글 · · · 238
다 같이 점프해요 · · · 240
옷을 갈아입혀요 · · · 242
사각사각 모래 놀이 · · · 244
오르막길을 걸어요 · · · 246
손수레 놀이 · · · 248
아래로 껑충 · · · 250

이런 놀이도 있어요 · · · 252

생후 24~36개월

운동성이 향상되는 시기

물건을 사고팔아요 · · · 260
뱀이 꿈틀꿈틀 · · · 262
뒤로 걸어요 · · · 264
밀가루 반죽 놀이 · · · 266
꼬리를 잡아요 · · · 268
블록을 조합해요 · · · 270
길을 따라 걸어요 · · · 272
누가 더 빠를까? · · · 274
준비, 시작! · · · 276
오늘 이야기 · · · 278
볼링공을 굴려요 · · · 280
손을 앞으로 뒤로 · · · 282
줄다리기 · · · 284
주먹밥을 쥐엄쥐엄 · · · 286
채소를 키워요 · · · 288
동물 점프! · · · 290
종이 기차가 나가요 · · · 292
폴짝 폴짝 쿵! · · · 294
알록달록 주스 가게 · · · 296
철봉에 대롱대롱 · · · 298
높이 들어 던져요 · · · 300
개미야 안녕? · · · 302
나는 아가 엄마 · · · 304

이런 놀이도 있어요 · · · 306

한눈에 보는 아이 발달표

아이와 놀이하기 전 부모의 마음가짐

아이와 놀 때 가장 중요한 점은 부모가 편안한 마음으로 즐기는 것입니다. 모든 놀이를 아이에게 맞추기보다 평소 부모가 관심 갖는 활동과 놀이를 연결해보세요. 음악을 좋아하면 아이와 함께 음악을 듣고, 그림을 좋아하면 아이와 함께 그림을 그리고, 요리를 좋아하면 아이와 함께 요리를 만들어보세요. 아빠, 엄마가 즐거워하면 아이도 놀이에 매력을 느낍니다. 하지만 아무 놀이나 해도 된다는 뜻은 아닙니다. 지금부터 소개할 7가지 내용을 마음속에 새겨두세요. 아이와 노는 시간이 한층 즐거워집니다.

1 강한 자극은 주지 마세요

아이는 강한 자극에 민감합니다. 큰 소리, 너무 빠른 리듬, 깜빡이는 불빛, 진한 향기는 되도록 피해야 합니다. 스마트폰을 손에서 놓지 못하는 부모가 많은데, 밝은 화면과 빠르게 움직이는 영상은 아이에게 강한 자극입니다. 전자기기는 부모만 접하는 것이 좋습니다.

2 결과에 집착하지 마세요

아이에게는 엄마, 아빠와 함께 무언가를 하는 과정 자체가 즐거움의 원천입니다. 아이가 무엇을 잘하고 못하는지 결과에 집중하지 마세요. 놀이는 훈련이나 공부가 아닙니다. "왜 못하지?", "이걸 잘하네"라고 평가하기보다 함께 즐기는 자세가 중요합니다.

3 느긋하게 지켜보세요

아이는 놀이에 집중해 자신만의 세계에 빠져들기도 합니다. 스스로 힘을 시험하고, 상상력으로 새로운 세상을 만들어 탐험합니다. 그럴 때는 한발짝 물러나 아이를 지켜보고, 아이가 도와달라는 신호를 보내면 다가가 도와줍니다.

4 부담감은 내려놓으세요

아이에게 놀이는 가장 좋아하는 엄마와 아빠의 얼굴을 보고, 목소리를 듣고, 관심을 받는 즐거운 시간입니다. '놀이'라서 즐거운 것이 아닙니다. 그러니 놀이가 무조건 즐거워야 한다는 부담감은 내려놓으세요. 아이와 교감하는 일이 최고의 놀이입니다.

5 아이가 흥미를 느끼는 놀이 환경을 만들어주세요

부모는 아이가 "재미있어 보여", "만져볼까?" 하는 생각이 들 법한, 아이의 마음을 끄는 놀이 환경을 만들어주어야 합니다. 아이는 너무 어렵거나 너무 쉬우면 흥미를 느끼지 않습니다. 아이의 발달을 유심히 살펴보고 아이에게 어울리는 장난감과 놀이를 마련해주세요.

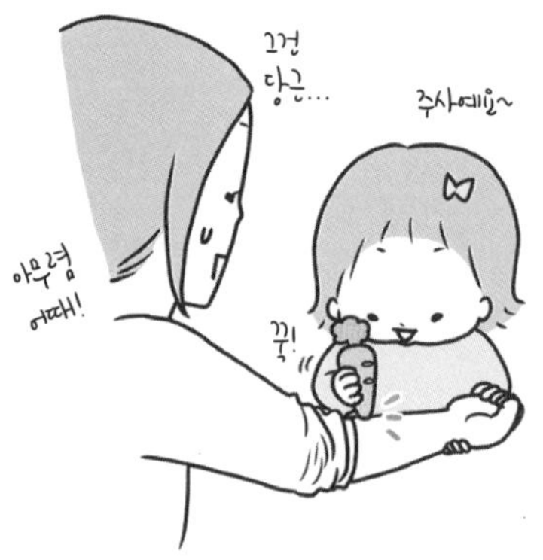

6 아이 중심의 놀이를 해주세요

놀이의 주인공은 어디까지나 아이입니다. 아이가 흥미를 보이지 않는데도 부모가 "이거 보자, 이거 한번 해볼까?", "이렇게 하는 거야"라고 놀이를 고집하면 아이를 위한 놀이가 될 수 없습니다.

아이의 개성에 맞춰 놀아주세요

아이마다 발달 속도는 다릅니다. '이 시기에 할 수 있다고 하는데 우리 아이는 왜 못할까?'라고 고민하지 말고 아이만의 발달 속도를 소중하게 생각해주세요. 어릴 때는 발달 속도의 차이가 커 보여도 10년, 20년이라는 기간을 놓고 보면 티도 안 날 만큼 작습니다. 또한 아이마다 선호하는 놀이가 다릅니다. 아이의 발달 단계에 맞는 놀이를 찾아주세요.

이 책에 실린 놀이는 어디까지나 놀이의 첫 단추일 뿐입니다. 책에 실린 내용에 머무르지 말고 아이와 놀이하면서 아이의 반응에 따라 놀이 방법을 바꿔보세요. 생각하지 못한 다양한 방법이 떠오를지도 모릅니다. 아이만의 놀이 방법을 찾아서 재미있게 즐겨보세요. 날마다 반복하는 육아를 어쩔 수 없이 해야 하는 일이 아니라 아이와 교감하는 시간으로 바꾸면, 부모와 아이 모두 즐거워집니다.

1

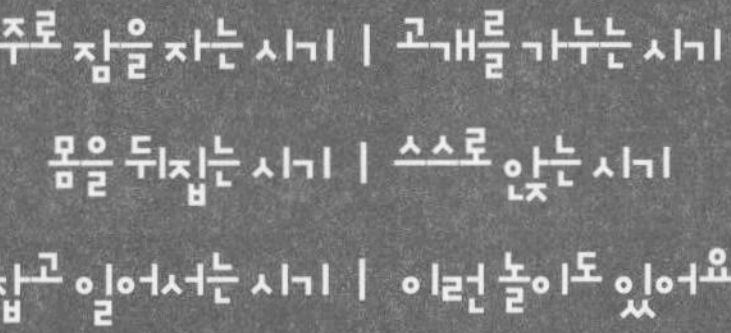

1

주로 잠을 자는 시기

	신장	체중
남자아이	46.3 ~ 62.2cm	2.5 ~ 7.0kg
여자아이	45.6 ~ 60.9cm	2.4 ~ 6.5kg

갓 태어난 아이는 밤낮 구분 없이 자고 깨기를 반복합니다.

무의식적으로 몸을 움직이는 원시반사가 나타납니다. 대표적으로 아이 손을 자극하면 손을 꼭 쥐는 움켜잡기 반사, 입에 손가락을 대면 빨려고 하는 빨기 반사, 큰 소리와 같은 외부 자극에 몸을 움츠리는 놀람 반사가 있습니다.

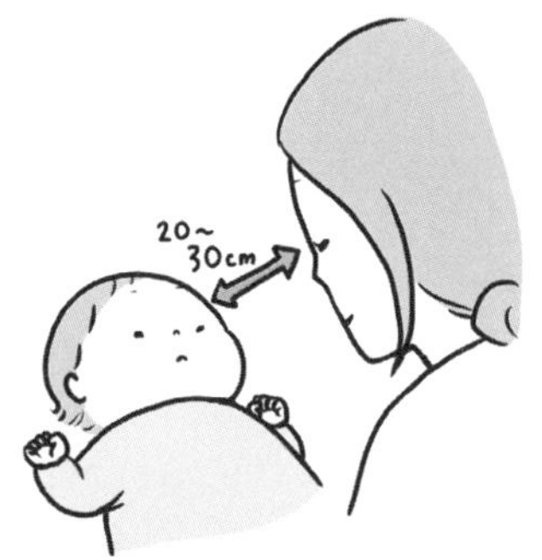

얼굴에서 20~30cm 거리에 있는 물체를 볼 수 있습니다. 자랄수록 가시거리는 길어집니다.

육아는

- 수유는 아이가 원하는 만큼 합니다.
- 대소변이 잦으므로 기저귀를 자주 갈아줍니다.
- 신생아는 신진대사가 활발해서 옷을 자주 갈아입혀야 합니다.

무척 자주 웁니다. 아이에게 울음은 배고픔, 불쾌감, 불안감을 표현하는 가장 좋은 방법이기 때문입니다. 힘껏 울어서 자신의 상태를 알립니다.

이 시기 아이가 보여주는 미소는 무의식적으로 하는 배냇짓입니다. 생후 2개월이 지나면 사람 얼굴을 인지하고 웃는 사회적 미소로 바뀝니다.

놀이는

- 움직이는 물건을 눈으로 좇지 못합니다. 물건을 보여주거나 말을 걸 때는 얼굴 가까이 다가가야 합니다.
- 이 시기에는 스킨십이 최고의 놀이입니다.
- 엄마, 아빠 목소리를 들으면 편안함을 느낍니다.

주로 잠을 자는 시기

발달 특징

20~30cm 거리에 있는 물건이나 얼굴을 볼 수 있다.

20~30cm

어쩜 이렇게 예쁠까?
볼도, 손도 너무 사랑스러워 ♡

마음이 쑥쑥

눈앞에서 방긋

❶아이 얼굴 가까이(20~30cm)에서 아이와 눈을 맞춥니다.
❷아이 이름을 부르면서 웃는 얼굴로 눈을 지긋이 바라봅니다.
❸부드러운 표정으로 아이 이름을 부르고, 볼을 쓰다듬으며 스킨십을 합니다.

갓 태어난 아이의 시야는 안개가 낀 것처럼 흐릿합니다. 점차 시각이 발달하면서 20~30cm 떨어진 곳까지 볼 수 있습니다. 부모가 아이 눈을 지긋이 바라보면 아이도 부모 얼굴을 바라봅니다. 눈을 맞추며 스킨십을 하면 아이는 심리적으로 안정감을 느낍니다.

주로 잠을 자는 시기

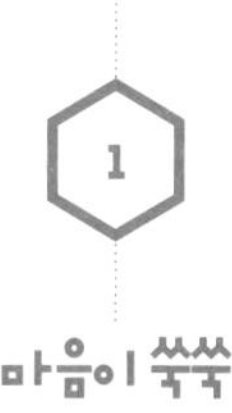

마음이 쑥쑥

바람이 살랑살랑

준비물　부드럽고 얇은 천

❶ 스카프처럼 부드럽고 얇은 천을 준비합니다.

❷ 천으로 살랑살랑 바람을 일으켜서 아이 피부에 바람과 천이 닿게 합니다. 이때 천이 아이 얼굴을 완전히 덮지 않도록 조심합니다.

❸ 아이의 눈을 보고 "살랑살랑~", "간다~"라고 말하면서 바람을 일으킵니다.

피부에 닿는 바람과 천의 감촉을 느끼는 놀이입니다. 천은 부드럽고 감촉이 좋을수록 좋습니다. 부모가 천의 흔들림에 맞춰 말을 걸어주세요. 부모의 눈빛과 반응에 아이의 마음이 쑥쑥 자랍니다.

주로 잠을 자는 시기

몸이 쑥쑥

흔들흔들 모빌

준비물 두꺼운 종이, 가위, 색종이, 나무젓가락, 실

❶ 두꺼운 종이를 아이 얼굴 크기로 자릅니다.
❷ 종이 앞뒤에 색종이를 붙입니다. 색종이는 흰색과 검은색처럼 대비되는 색, 빨간색과 노란색처럼 원색이 좋습니다.
❸ 종이 윗부분에 실이 들어갈 만큼 작은 구멍을 내고, 준비한 실을 구멍에 끼웁니다.
❹ 나무젓가락 양 끝에 실을 묶어 모빌을 완성합니다.

아이 눈길이 닿는 곳에 모빌을 매달아줍니다. 바람을 불거나 손가락으로 빙글빙글 돌려서 모빌을 움직입니다.

흔들흔들 움직이는 모빌은 아이 시선을 끌기에 제격입니다. 모빌은 한곳에만 걸어두지 말고 위치를 옮겨 가며 달아주세요. 모빌 위치를 바꿔주면 아이는 고개를 움직여서 모빌을 보려고 합니다. 모빌에 사람이나 동물 얼굴 그림이 붙어 있으면 아이가 주의 깊게 쳐다봅니다.

주로 잠을 자는 시기

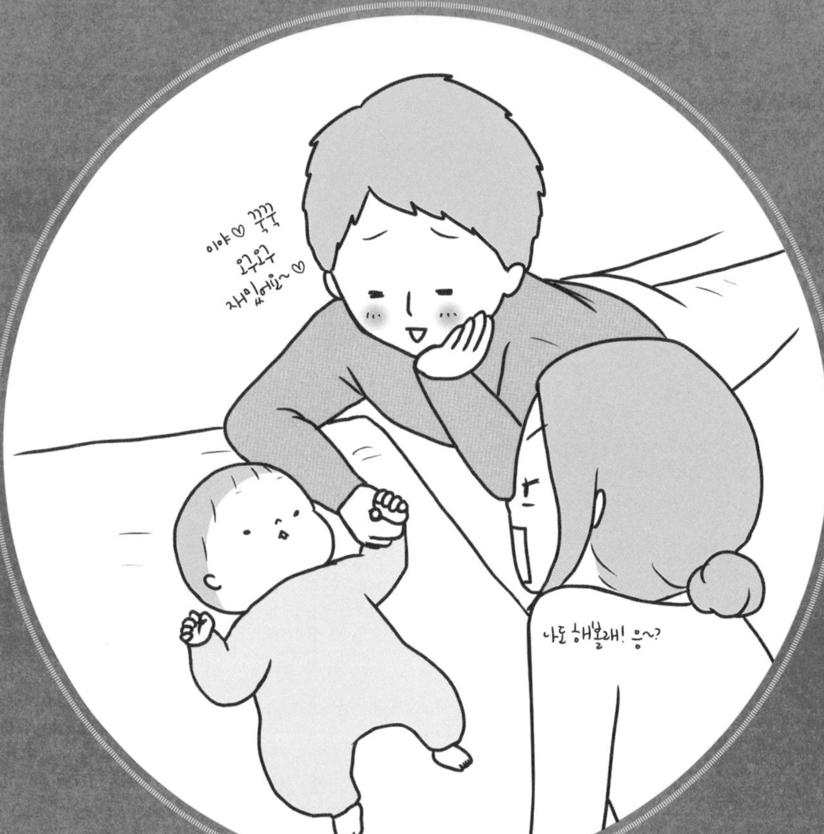

몸이 쑥쑥, 마음이 쑥쑥

손바닥을 꾹꾹

놀이 방법

❶ 아이 손바닥 한가운데를 살며시 눌러줍니다.
❷ 아이가 주먹을 쥐면 아이 눈을 바라보며 "아빠 손이야", "엄마 손이야"라고 말해줍니다.
❸ 엄마, 아빠 손으로 아이 손을 따뜻하게 감싸줍니다.

놀이 효과

무의식적으로 손에 닿는 물건을 쥐려고 하는 움켜잡기 반사를 이용한 상호 작용 놀이입니다. 물건을 인지하고 잡는 행동을 촉진합니다. 아이 손을 만지면서 "아빠 손을 잡았네?", "죔죔 해볼까?"라고 말하며 교감을 나누면 좋습니다.

주로 잠을 자는 시기

마음이 쑥쑥

말을 걸어요

활기차게 아이 이름을 부릅니다. 평소보다 높은 목소리로 천천히 말을 걸어줍니다.

아이는 선호하는 대상의 목소리가 들리면 소리 나는 쪽으로 고개를 돌립니다. 특히 엄마 배 속에서부터 들어온 익숙한 가족의 목소리를 좋아합니다. 가족이 함께 둘러앉아서 아이에게 도란도란 말을 걸어주세요. 편안함을 느끼게 하고 두뇌 발달을 촉진시킵니다.

주로 잠을 자는 시기

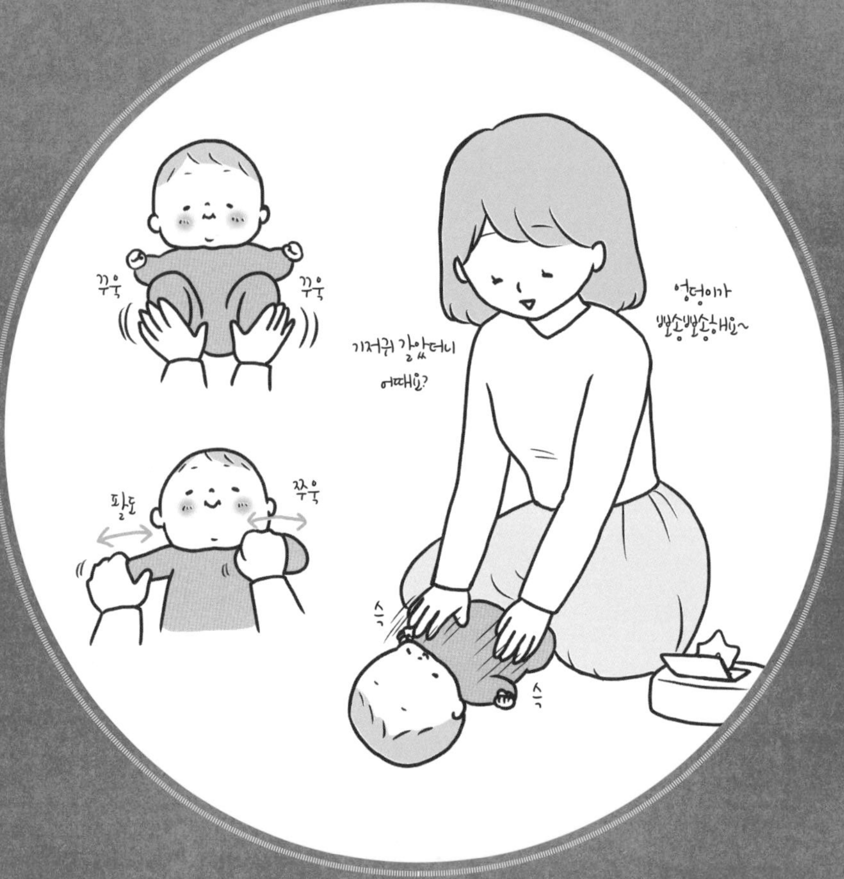

마음이 쑥쑥

뽀송뽀송 기저귀 마사지

❶ 아이의 다리를 쭉 펴고 가볍게 쓰다듬어줍니다.
❷ 다리를 구부렸다 폈다 하면서 마사지해줍니다.
❸ 팔도 좌우로 펴고 배도 부드럽게 쓰다듬어줍니다.
❹ 기저귀를 갈고 난 뒤의 상쾌함을 말로 표현해줍니다.

앞으로 2~3년은 매일 기저귀를 갈아주어야 합니다. 기저귀 가는 시간을 그냥 흘려보내지 말고 아이와 교감하는 기회로 삼으면 어떨까요? 기저귀를 갈았을 때 상쾌함을 아이가 기억하도록 도와주세요. 아이에게 말을 걸며 마사지해주면 하루에도 여러 번 해야 하는 기저귀 갈이가 즐거운 놀이가 됩니다.

주로 잠을 자는 시기

마음이 쑥쑥

머리 어깨 무릎 발

❶ 아이 눈높이에서 소리 나는 장난감을 흔들어줍니다.
❷ "머리 어깨 무릎 발" 노래를 부르면서 해당하는 부위를 콩콩 눌러줍니다.

아이와 눈을 맞추며 또렷한 발음으로 천천히 노래를 불러주세요. 아이는 부모의 노랫소리에 편안함을 느낍니다. 노랫말에 따라 해당하는 부위를 손가락으로 가리키거나 콩콩 눌러주면 아이 몸의 감각을 깨우는 데 도움이 됩니다. 아이가 자라면 함께 노래를 부르며 상호 작용할 수 있습니다.

1

주로 잠을 자는 시기

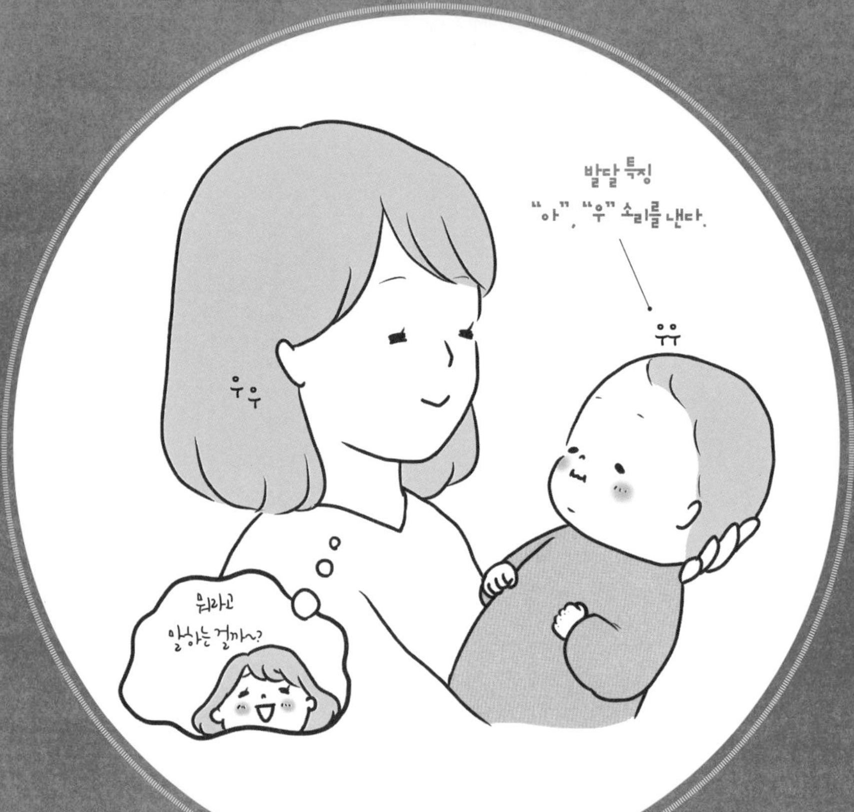

발달 특징
"아", "우" 소리를 낸다.
우우
우우
뭐라고
말하는 걸까~?

마음이 쑥쑥

옹알이를 따라 해요

놀이 방법

❶ 아이 목을 손으로 잘 받친 다음 비스듬히 세워서 안아줍니다.
❷ 아이 얼굴에서 20~30cm 정도 거리를 두고 눈을 맞춥니다.
❸ 아이가 내는 소리를 따라 합니다.

놀이 효과

생후 1개월이 지나면 아이는 옹알이를 합니다. 이때 아이가 내는 소리를 따라 해주세요. 아이는 자기 소리에 반응하는 부모를 보며 즐거워합니다. 아이의 눈앞에서 아이 눈을 바라보며 말하면 의사소통의 기본을 다지는 데 도움이 됩니다.

주로 잠을 자는 시기

마음이 쑥쑥

안아서 흔들흔들

❶ 아이를 눕혀서 안고 눈을 맞춥니다. 고개를 가누지 못하는 아이는 손으로 목 뒤를 안정감 있게 받쳐줍니다.
❷ 온몸을 좌우로 크고 부드럽게 흔들어줍니다.
❸ 동작에 맞춰 "흔들흔들" 하고 말해주거나 노래를 불러줍니다.

이 놀이의 핵심은 부드럽고 느린 움직임입니다. 너무 빠르고, 세게 흔들면 안 됩니다. 아이가 흔들리는 자극과 함께 편안함과 안정감을 느낄 수 있어야 합니다. 아이를 눕혀서 안았을 때 칭얼거리면 목을 받치고 비스듬히 세워서 안아줍니다.

주로 잠을 자는 시기

몸이 쑥쑥

어디로 갔을까?

준비물 알록달록하거나 소리 나는 장난감

❶아이 눈앞에 장난감을 보여줍니다.
❷오른쪽에서 왼쪽으로 천천히 장난감을 움직입니다.
❸아이 시선이 장난감을 따라가도록 움직이는 방향을 말해줍니다.

목 근육이 발달하면 아이는 물건이 움직이는 방향으로 고개를 천천히 돌립니다. 정면에서 좌우 50도까지 고개를 돌려 물건을 볼 수 있습니다. 알록달록하고 소리 나는 장난감을 사용하면 아이가 관심을 가지고 살펴보려고 합니다.

주로 잠을 자는 시기

마음이 쑥쑥

둥개둥개, 우리 아기

❶ 아이를 눕혀서 안아줍니다.
❷ 좌우 또는 위아래로 부드럽게 흔들어줍니다.
❸ "둥개둥개" 말하면서 흔들어줍니다.

아이를 안고 살살 흔들어주는 동작은 아이가 자연스럽게 평형 감각을 기르는 데 도움이 됩니다. 노래를 부르며 흔들어주면 아늑함을 느낍니다. 아이가 졸려할 때는 자장가를 불러주세요. 무엇보다 부모가 평온한 마음으로 흔들어주는 것이 중요합니다.

1

주로 잠을 자는 시기

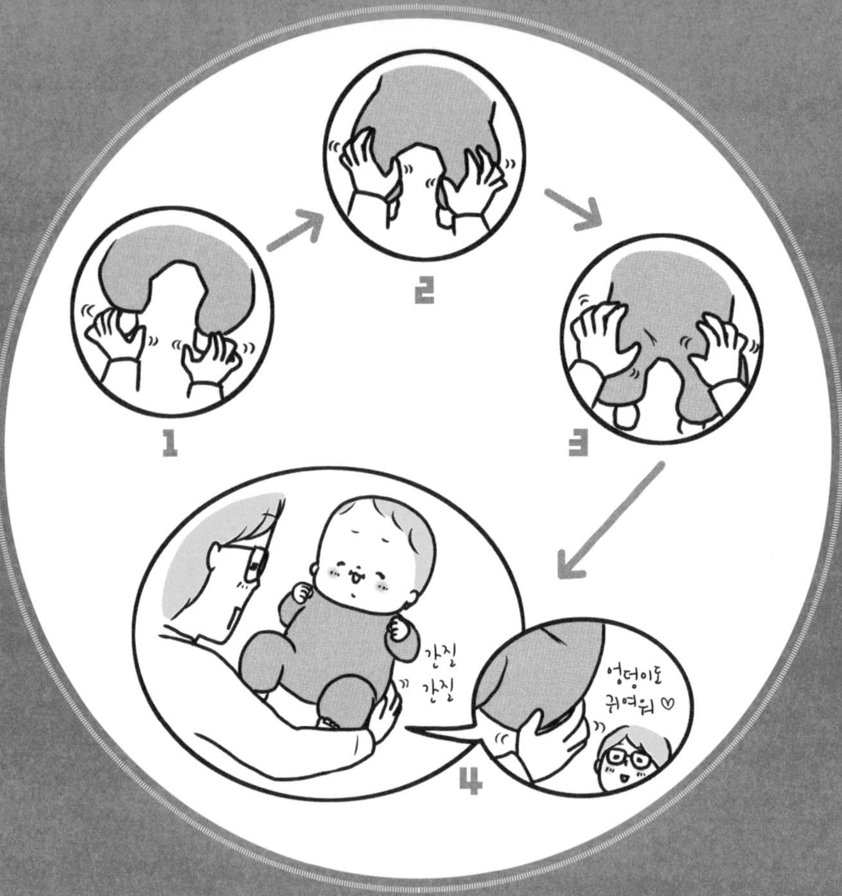

1
2
3
간질
간질
엉덩이도
귀여워♡
4

몸이 쑥쑥

4단 변환 마사지

1

양손으로 아이의 양쪽 발목 또는 발가락을 잡고 살살 흔들어줍니다.

2

양손으로 아이의 무릎을 잡고 살살 흔들어줍니다.

3

양손으로 아이의 허벅지를 잡고 살살 흔들어줍니다.

4

양손으로 아이의 엉덩이 또는 겨드랑이를 간지럽힙니다.

목소리 톤과 손에 강약을 주면서 마사지해줍니다. 마지막에 간지럽히는 곳을 엉덩이가 아닌 다른 부위로 바꾸면 아이가 무척 재미있어 합니다.

아이의 발끝에서 허벅지, 엉덩이까지 전신을 자극하는 마사지 놀이입니다. 1단계에서 4단계로 나아갈수록 억양을 높이거나 강조해서 말하면 아이의 기대감이 더 커집니다.

주로 잠을 자는 시기

우리 서준이,
밖에 나와서 좋아요~?

베란다도
잘 살펴야 해!!

위험한 게
있을지 몰라!

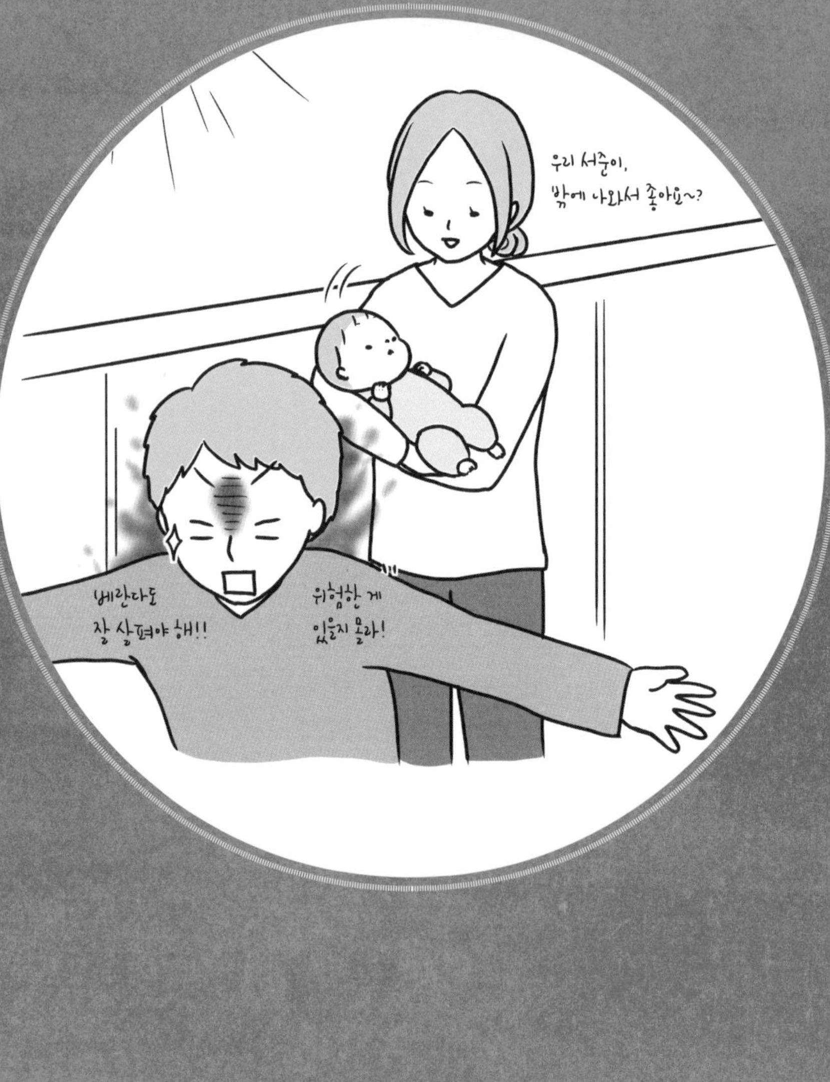

맑은 공기를 마셔요

아이를 안고 베란다, 창가, 현관으로 나가 햇빛을 쬐고 바람을 쐬어줍니다. 리듬감 있게 움직이거나 아이에게 "바람이 시원하네", "기분 좋다"라고 말을 건넵니다.

신선한 공기와 햇빛은 아이 피부를 자극해 저항력을 길러줍니다. 하지만 아이가 너무 어려 고개를 가누지 못한다면 오랜 시간 산책시킬 필요는 없습니다. 따뜻하고 맑은 날 바깥 공기를 잠깐 접하게 해도 충분합니다. 너무 덥거나 추운 날, 바람이 세차게 부는 날은 피해주세요.

주로 잠을 자는 시기

몸이 쑥쑥, 마음이 쑥쑥

부드럽게 터치

❶ 아이의 배, 볼, 다리를 손가락으로 살포시 눌러줍니다.
❷ 손바닥을 사용해 아이 몸 전체를 부드럽게 마사지합니다.

아직은 자기 의지대로 자유롭게 몸을 움직이지 못합니다. 아이가 등을 대고 누웠을 때 스킨십을 하면서 아이와 상호 교감을 나누세요. "뿡뿡", "배가 뿡~", "걸~음~마" 등 리듬감을 살려서 노래를 불러주면 더욱 즐겁게 교감할 수 있습니다.

1

	신장	체중
남자아이	57.6 ~ 67.8cm	5.1 ~ 8.6kg
여자아이	55.8 ~ 66.2cm	4.6 ~ 8.1kg

원시반사가 서서히 사라지고 체격이 발달합니다. 낮과 밤을 구분할 수 있지만, 아직 통잠을 자지 못합니다.

아직 스스로 물건을 잡지는 못하지만 손에 쥐여주면 잡을 수 있습니다.

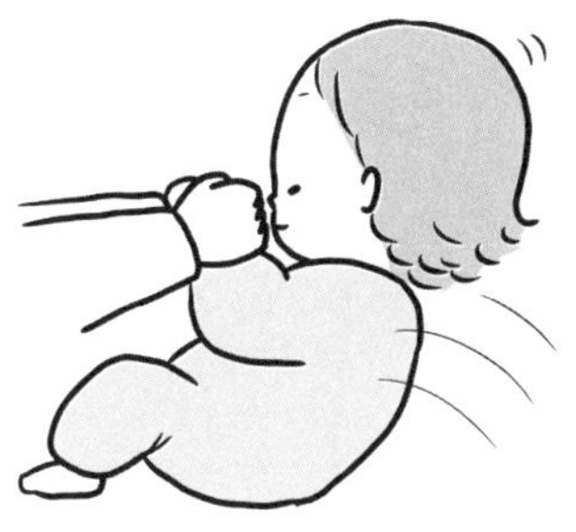

아이 양손을 잡고 상체를 천천히 일으켜줍니다. 고개를 가누게 되면 목에 제법 힘이 들어가면서 끌어 올린 상체를 따라옵니다.

육아는

- 수유 간격이 길어지고 양이 많아져 모유는 하루에 8~12번, 분유는 160~200mL를 6~7번 정도 먹습니다.
- 낮에 깨어 있는 시간이 길어져 낮잠을 2~3번 정도 잡니다. 밤 수면 시간이 길어집니다.
- 고개를 가누게 되면 아이를 안기가 한결 수월해집니다.

가족의 얼굴을 알아보고 살살 얼러주면 즐거운 듯 소리 내어 웃습니다. 부모도 아이에게 미소로 반응해주면 좋습니다.

기분이 좋으면 "아아", "우우" 같은 옹알이를 자주 합니다. 목소리를 듣고 익숙한 사람인지 낯선 사람인지 구별할 수 있습니다.

놀이는

- 엎드린 자세에서 고개를 잠깐 들어 올릴 수 있습니다.
- 소리가 들리는 쪽, 관심을 끄는 쪽으로 손을 뻗습니다.
- 생후 4개월이 지나면 눈에 보이는 물건을 손으로 잡으려고 합니다.

고개를 가누는 시기

마음이 쑥쑥

반짝반짝 죔죔

❶아이와 마주 보며 눈을 맞춥니다.
❷아이의 눈높이에서 "반짝반짝"이라고 말하면서 손을 앞뒤로 흔들어줍니다.
❸"죔죔"이라고 말하면서 주먹을 쥐었다 폅니다.

'반짝반짝' 손동작은 "반짝반짝 작은 별" 노래를 부르면서 하면 훨씬 수월합니다. 아이 반응을 살피면서 신나는 리듬으로 "죔죔", "반짝반짝" 하고 말해주세요. 리듬감 있는 말과 동작을 같이 하면 아이가 놀이를 기억하기 쉽습니다. 아이는 어른의 동작을 보고 따라 하면서 상호 작용을 경험합니다.

고개를 가누는 시기

발달 특징
엎드린 자세로
고개를 들 수 있다.

아이,
재밌다~

조금 떨어진 곳에 장난감을 놓아도 좋아요

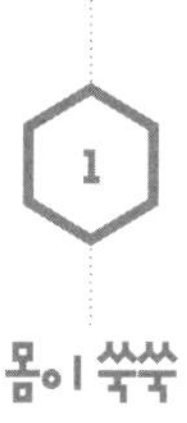

몸이 쑥쑥

손을 뻗어요

준비물 장난감

❶ 아이와 마주 보고 엎드린 자세에서 눈을 맞춥니다.
❷ 아이의 얼굴 앞쪽에서 장난감을 보여주거나 장난감 소리를 들려줍니다.
❸ 아이가 장난감을 향해 손을 뻗으면 칭찬해줍니다.

아이는 팔과 팔꿈치로 상체를 지탱하고 고개를 들어 좌우로 움직일 수 있습니다. 똑바로 누운 자세와는 사뭇 다른 시야가 아이의 호기심을 자극합니다. 아이 시선이 닿는 곳에서 아이가 장난감에 관심을 갖고 스스로 몸을 세우도록 유도합니다. 아이가 힘이 빠져서 고개가 처지면 똑바로 눕혀주세요.

고개를 가누는 시기

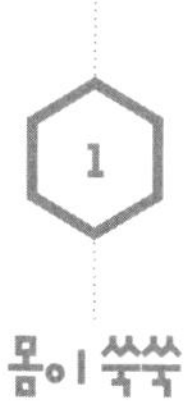

몸이 쑥쑥

영차, 대왕 쿠션

준비물 여름용 이불 또는 담요, 담요가 들어갈 만한 크기의 천, 실, 바늘, 끈

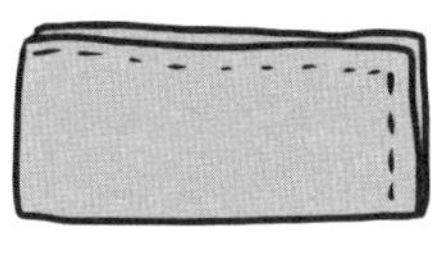

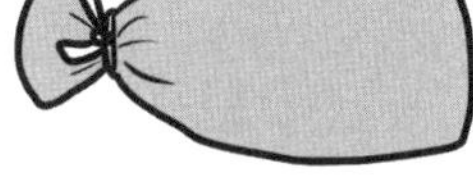

놀이 방법

1

천을 준비한 다음 가로로 한 번, 세로로 한 번 접어줍니다. 그림과 같이 천을 놓고 모서리 부분을 실로 꿰맵니다.

2

준비한 이불이나 담요를 돌돌 말아 천 안에 넣은 다음 빠져나오지 않도록 입구를 끈으로 묶어줍니다.

쿠션을 바닥에 놓아둡니다. "이쪽으로 와볼까?"라고 아이를 부르며 쿠션을 넘어다니며 놀도록 유도합니다.

놀이 효과

아이가 고개를 완전히 가누면 엎드린 자세에서 스스로 상체를 들어 올릴 기회를 많이 제공해주세요. 쿠션을 넘어다니는 놀이는 아이의 네 발 기기를 촉진하고 두 팔로 몸 균형을 잡는 데 도움이 됩니다.

고개를 가누는 시기

마음이 쑥쑥

나뭇잎이 산들산들

놀이 방법

아이와 산책하면서 밖에서 자라는 나뭇잎을 손으로 만지게 합니다. 엄마, 아빠도 함께 나뭇잎을 만지면서 "반질반질하지?", "좋은 향기가 나네"라고 말을 걸어줍니다.

놀이 효과

식물을 보고, 만지면서 다양한 감각을 느끼는 놀이입니다. 자연을 느끼며 아이와 교감할 수 있습니다. 단, 길가에 자라는 식물 중에는 독성을 지닌 것도 있으니 처음 보거나 위험해 보이는 식물은 만지게 해서는 안 됩니다. 아이가 나뭇잎을 입으로 가져가지 않도록 조심하세요.

1

고개를 가누는 시기

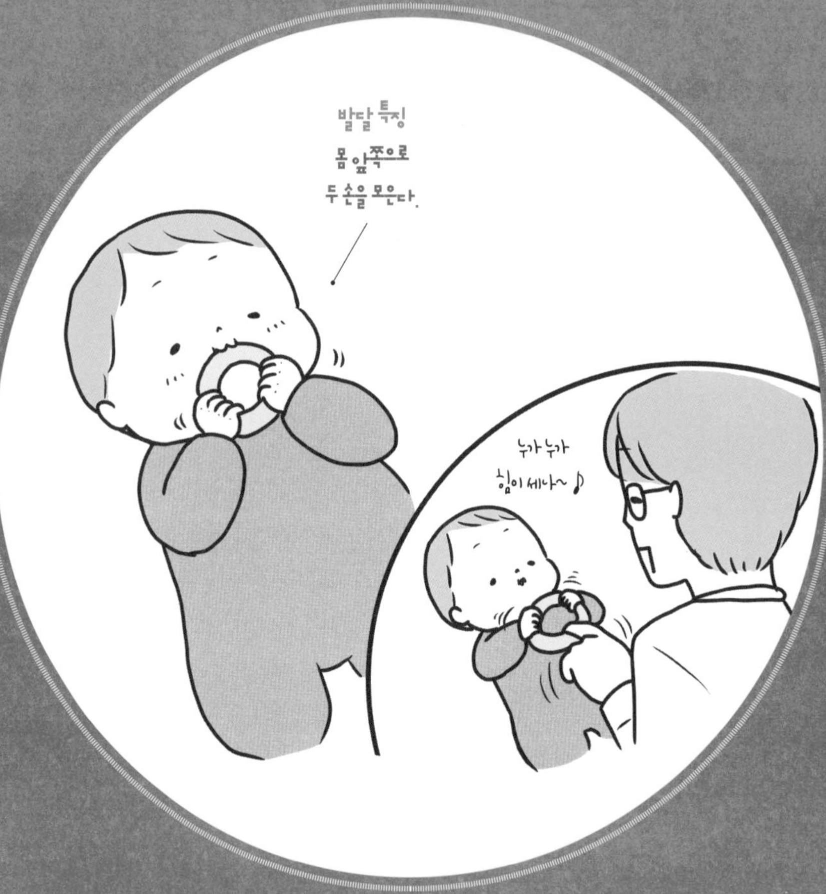
발달 특징
몸 앞쪽으로
두 손을 모은다.
누가 누가
힘이 세나~ ♪

몸이 쑥쑥

잡아당겨요

준비물 손에 쥘 수 있는 장난감

❶ 아이가 손으로 쉽게 쥘 수 있는 장난감을 건네줍니다.

❷ 아이가 장난감을 손으로 잡으면 아빠(엄마)가 장난감을 반대 방향으로 잡아당깁니다.

❸ 아이가 아빠(엄마)의 힘을 느껴 장난감을 잡아당기면 줄다리기하듯 반대 방향으로 여러 번 잡아당깁니다.

이 시기 아이는 잡은 물건을 입으로 가져가 확인하려고 합니다. 아이가 다섯 손가락으로 쉽게 잡을 수 있는 장난감을 주고 잡아당기기 놀이를 해주세요. 아이 손을 자극해 소근육 발달을 촉진시킬 수 있습니다. 아이가 지루해하면 놀이를 멈추고 스스로 장난감을 가지고 마음껏 놀게 합니다.

고개를 가누는 시기

몸이 쑥쑥

손으로 뻐끔뻐끔

❶아이 기분이 좋을 때 엎드린 자세로 눕힙니다.
❷아이 눈높이에서 손가락을 모아 입처럼 뻐끔뻐끔 움직입니다.
❸아이가 손을 만지고 싶어 하면 손으로 아이 몸을 뻐끔뻐끔하며 잡아줍니다.

아이는 엎드린 자세에서 팔과 팔꿈치를 사용해 상체를 지탱하고 고개를 들어 올립니다. 아이가 자주 고개를 들 수 있도록 놀이를 통해 동기를 부여해주세요. "아이, 재미있어", "잘했어요" 칭찬하는 것도 잊지 마세요. 아이가 엎드린 자세를 할 때는 눈을 떼지 말고 지켜보다가 힘들어하면 똑바로 눕혀줍니다.

고개를 가누는 시기

마음이 쑥쑥

흔들면 소리가 나요

준비물 소리 나는 장난감

❶ 소리 나는 장난감을 아이 손에 쥐여줍니다.

❷ 아이가 장난감을 손에 쥐고 흔들어 소리를 내면 "딸랑딸랑", "차카차카" 하며 소리를 말로 표현해줍니다.

아이는 소리 나는 쪽으로 고개를 돌리면서 자기 의지대로 몸을 움직이는 기쁨을 느낍니다. 소리를 듣고 상호 작용하는 힘을 길러주세요. 소리(의성어)를 말로 표현해주면 아이의 언어표현력 향상에 도움이 됩니다.

고개를 가누는 시기

발달 특징

시야가 넓어진다.

장난감이 여기 있어요~

180도

배냇머리 빠짐

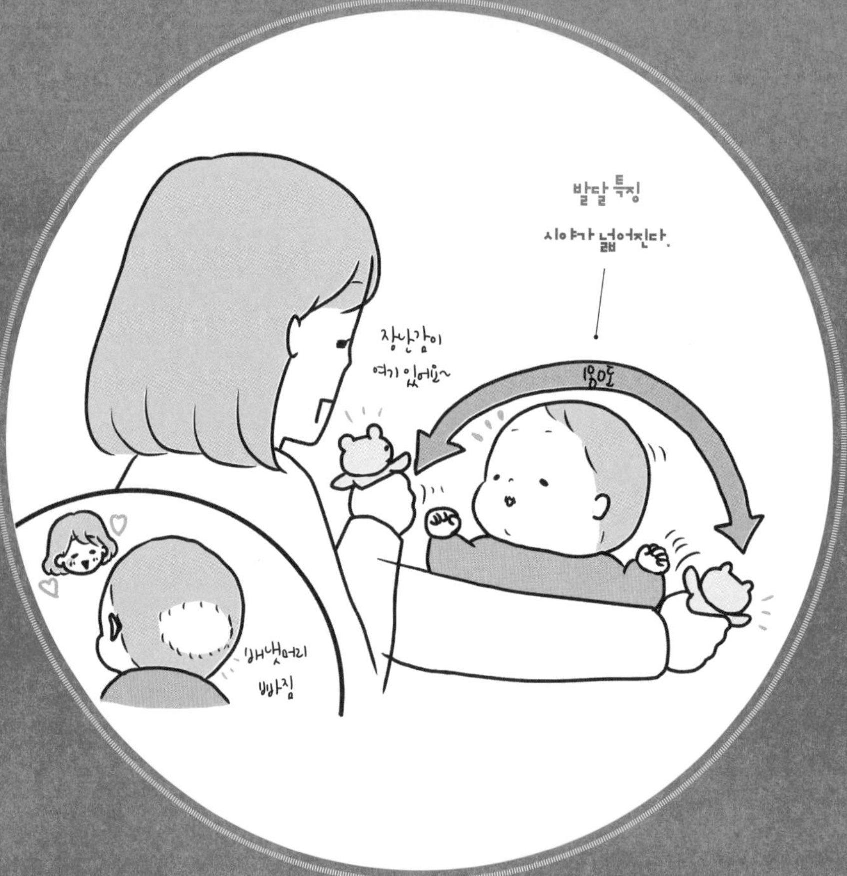

몸이 쑥쑥

180도 세계

아이가 좋아하는 장난감을 들고, 좌우로 천천히 움직입니다. 아이 시선이 움직이는 장난감을 따라오면 "여기 있어요"라고 말하면서 장난감을 180도로 천천히 움직입니다.

아이가 사물을 보는 범위가 넓어집니다. 아이가 고개를 자기 의지대로 움직이는 기쁨, '보고 싶다'는 마음으로 움직이는 물건을 눈으로 좇는 즐거움을 맛보게 해주세요. 이 놀이는 아이가 똑바로 누운 자세나 엎드린 자세에서 모두 할 수 있습니다.

1

고개를 가누는 시기

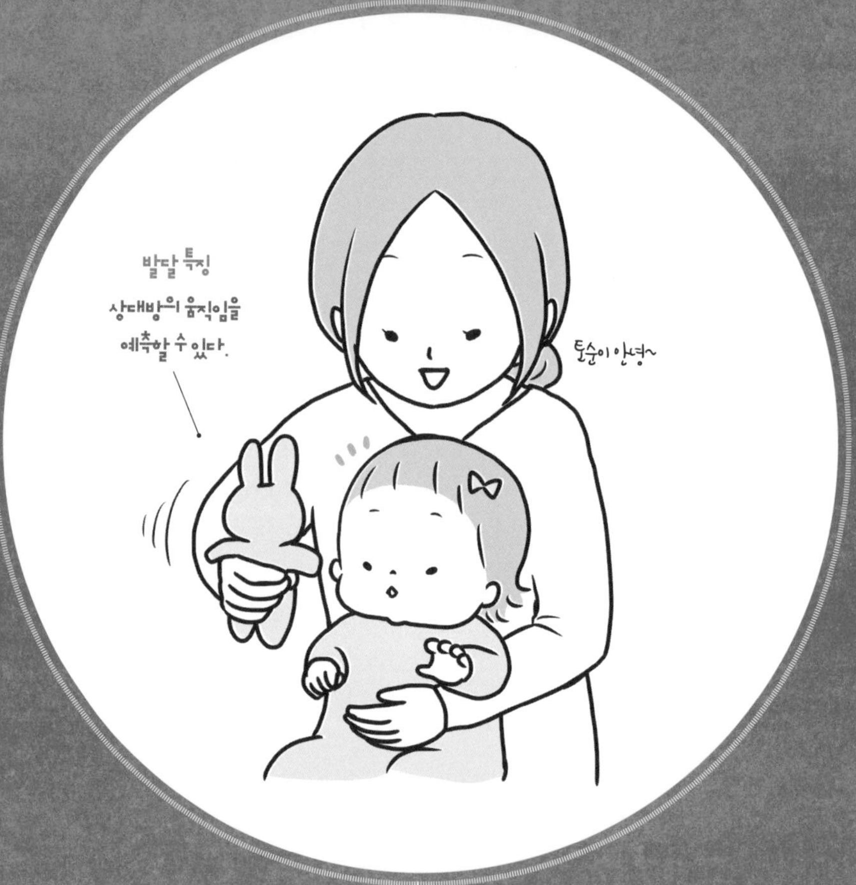
발달 특징
상대방의 움직임을
예측할 수 있다.
토순이 안녕~

마음이 쑥쑥

장난감이 다가와요

준비물 장난감

❶ 아이 눈높이에서 장난감을 들어 보여줍니다.

❷ 아이 반응을 살피며 오른쪽에서 왼쪽으로, 왼쪽에서 오른쪽으로 장난감을 움직입니다.

❸ 아이 쪽으로 다가갔다 멀어졌다, 움직였다 멈췄다 하면서 장난감을 움직입니다.

움직이는 물건이 눈앞을 지나간다는 사실을 인지하고 손을 뻗어 잡으려고 합니다. 장난감의 움직임을 예측하고 손으로 잡으면 재미를 느낍니다.

눈앞에서 갑자기 멈추면 손으로 잡으려고 합니다.

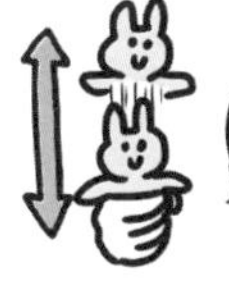

아직 위아래 움직임은 따라가지 못합니다.

고개를 가누는 시기

흔들~
흔들~
보기 좋네~
왜 울어?
캥거루 케어가 생각나서 그만…

몸이 쑥쑥

배 위에서 흔들흔들

엄마, 아빠가 바닥에 등을 대고 누운 다음 배 위에 아이를 엎드린 자세로 올립니다. 두 손으로 아이를 꼭 안고 흔들흔들 흔들어줍니다. 아이를 똑바로 누운 자세로 바꿔주거나, 아이 반응을 살피며 움직이는 속도에 변화를 줘도 좋습니다.

아이가 푹신한 촉감과 흔들리는 자극을 느끼며 균형 감각을 기르도록 도와줍니다. 몸을 밀착하는 스킨십으로 아이 마음도 안정됩니다. "우와~ 흔들린다", "흔들~ 흔들~" 하고 말을 걸며 놀아주세요.

고개를 가누는 시기

바람에 흔들리는 소리야

강아지도 있네

사락

사락

귀여워라~ ♡

몇 개월?

새로운 사람들과 만나요

마음이 쑥쑥

같이 산책해요

놀이 방법

아이를 안고 하루 한 번 산책을 나갑니다. "바람이 솔솔 부네~", "버스가 지나가요"라고 주위 풍경을 아이에게 말해줍니다.

놀이 효과

산책하면서 주변 환경을 향한 흥미를 길러주고 소리, 바람, 햇빛을 체감하게 해주세요. 바깥 공기가 아이의 면역력을 높이고, 무궁무진한 자극이 아이의 감각을 발달시킵니다. 햇빛이 강할 때는 자외선을 차단해주세요. 산책하는 시간대를 정해 생활 리듬을 규칙적으로 유지하는 것이 좋습니다.

고개를 가누는 시기

발달 특징

손잡이가 얇은 장난감을 쥘 수 있다.

부드러운 타월

소리가 나는 장난감♪

푹신푹신한 손 인형

바스락거리는 천

등등

몸이 쑥쑥, 마음이 쑥쑥

촉감을 느껴요

준비물 타월, 딸랑이, 인형, 천 등 촉감이 다양한 물건

❶ 타월처럼 감촉이 부드럽고 푹신한 물건이나 딸랑딸랑 소리가 나는 장난감을 아이 손에 쥐여줍니다.

❷ 아이가 손을 움직여 다양한 촉감을 느끼고, 소리를 들을 수 있게 합니다.

아직 손을 뻗어서 잡지 못하는 아이에게 좋은 놀이입니다. 물건을 잡는 연습이 소근육을 발달시키고, 촉감과 소리 자극이 감각 발달에 도움을 줍니다. 무엇이든 입으로 가져가는 시기입니다. 잘 지켜봐주세요.

몸을 뒤집는 시기

	신장	체중
남자아이	60.0 ~ 71.6cm	5.6 ~ 9.7kg
여자아이	58.0 ~ 70.0cm	5.1 ~ 9.2kg

허리를 돌려서 몸을 뒤집을 수 있습니다. 생후 6개월부터는 엄마에게 받은 선천 면역이 줄어들면서 감기에 걸리거나 돌발성 발진이 나타나기도 합니다.

목이 자유롭게 움직이고 시야가 넓어집니다. 움직이는 물건을 따라서 눈동자를 움직일 수 있고 비교적 작은 물건도 볼 수 있습니다.

똑바로 누운 상태에서 허리와 다리를 돌려 몸을 뒤집을 수 있습니다. 시기는 아이마다 다르니 조급해하지 말고 아이의 성장을 지켜봐주세요.

- 모유는 하루에 8~12번, 분유는 200~220mL를 5번 정도 먹습니다.
- 아이 발달 상태에 따라 이유식을 시작합니다. 이유식은 오전에서 오후로 횟수를 늘려갑니다.

아빠, 엄마처럼 익숙한 사람과 낯선 사람의 얼굴을 구별합니다. 이름을 부르면 소리가 들리는 쪽으로 고개를 돌리고, 웃으며 반응합니다.

손가락 움직임이 섬세해지고 관심을 끄는 물건을 향해 손을 뻗습니다. 물건을 만지려고 몸을 틀고, 손에 든 물건을 다른 손으로 옮겨 쥐기도 합니다.

놀이는

- 몸을 뒤집어 다른 곳으로 이동할 수 있습니다. 바닥에 푹신한 유아용 안전 매트를 깔아줍니다.
- 손에 잡히는 대로 입에 넣을 수 있으니 물건을 삼키지 않도록 곁에서 지켜봅니다.

몸을 뒤집는 시기

몸이 쑥쑥

애벌레가 데굴데굴

❶ 똑바로 누운 아이 시선에 공을 들고 천천히 움직입니다.

❷ "애벌레 데굴데굴" 리듬감 있게 말하면서 아이가 공을 따라 몸을 틀어 구르도록 유도합니다.

몸을 뒤집는 데 필요한 허리 근육을 발달시킵니다. 공을 좌우로 흔들어주면 양쪽으로 몸을 뒤집는 데 도움이 됩니다. 아이가 몸을 뒤집을 때 다치지 않도록 놀이하기 전 주변을 정리합니다.

몸을 뒤집는 시기

나도 할거야!!

잡을수 있을까~?

몸이 쑥쑥

장난감을 잡아보자

준비물 장난감

❶ 아이 손이 닿을 듯 말 듯한 거리에서 장난감을 흔들어줍니다.

❷ 장난감을 아이 가까이 가져갔다가 살짝 멀어지기를 반복하면서 잡기 놀이를 합니다.

움켜잡기 반사가 사라지면 아이는 손으로 직접 물건을 만지면서 재미를 느낍니다. 물건과 아이 사이의 거리는 아이 얼굴에서 20~25cm 정도, 아이가 손을 뻗어서 닿을 수 있어야 합니다. 손을 뻗어 물건을 잡으며 거리감을 익힙니다.

몸을 뒤집는 시기

몸이 쑥쑥

곤지곤지 짝짜꿍

1

아이 한쪽 손바닥을 쭉 펴고 다른 쪽 손가락으로 콕콕 찌르거나 양 손가락을 맞댑니다.

2

아이 손을 펼치거나 팔을 들어 올립니다. 팔을 들어 올릴 때는 동작을 크게 합니다.

이 시기 아이는 손이 자기 몸의 일부라는 사실을 또렷하게 인식합니다. 아이를 무릎에 앉히고 손을 잡은 다음 함께 동작을 하면서 즐겁게 노래해주세요. 양 손가락을 맞대는 동작은 손끝의 감각 발달에 도움이 됩니다.

몸을 뒤집는 시기

꾸욱

피융~

피융~

발달 특징

발을 구르는 듯한 동작을 한다.

몸이 쑥쑥

무릎에서 점프

❶ 무릎을 꿇은 자세에서 아이 양쪽 겨드랑이를 잡고 무릎 위에 세웁니다.
❷ 아이를 위로 올렸다가 내립니다. 아이가 무릎을 굽힐 때 점프하듯 위로 올려줍니다.
❸ 점프에 맞춰 "피융" 하고 말해줍니다.

아이 겨드랑이를 잡고 안아 올리면 아이는 스스로 발을 굴러서 하체 운동을 합니다. 또한 흔들리는 자극을 통해 몸의 균형 감각을 키울 수 있습니다. 점프하면서 시야가 달라지는 변화도 즐길 수 있습니다. 아이를 공중에 던졌다 받으면 안 됩니다. 반드시 손으로 안전하게 잡아주세요.

몸을 뒤집는 시기

조금씩 거리 벌리기

몸이 쑥쑥

장난감을 잡아요

준비물 푹신한 장난감

❶ 아이 손이 닿는 위치에 장난감을 놓아둡니다.

❷ 아이가 장난감에 흥미를 보이며 스스로 몸을 움직여 잡도록 유도합니다.

호기심이 왕성해지고 스스로 물건을 잡을 수 있습니다. 처음에는 장난감을 아이 가까이에 놓고 장난감을 잡았을 때 성취감을 맛보게 해주세요. 그런 다음 장난감을 점점 멀리 놓아두고 아이가 장난감을 잡기 위해 팔을 뻗거나 몸을 뒤집도록 유도합니다.

몸을 뒤집는 시기

발달 특징
주변 사람들 목소리에 대답하듯 소리를 낸다.

아구
아구
바아
바아
빠 빠 빠
빠 빠 빠
응? 아빠?

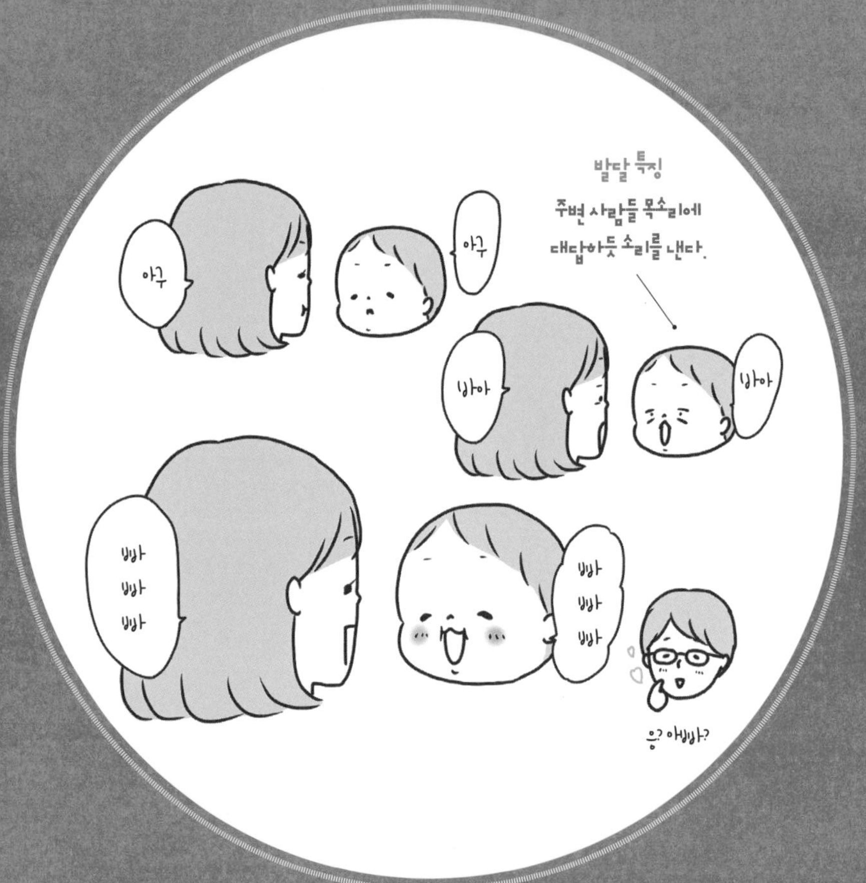

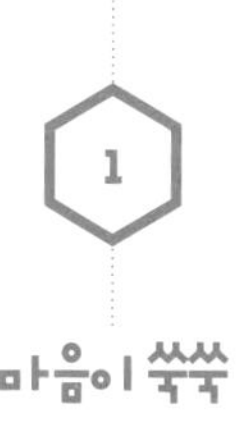

마음이 쑥쑥

따라 말해요

아이가 내는 소리를 똑같이 따라 합니다. 아이가 "바아", "구우"라고 하면 엄마, 아빠도 똑같이 "바아", "구우"라고 명확한 목소리로 따라 말합니다.

가족의 얼굴과 목소리를 알아보는 시기입니다. '대화'로 상호 작용할 수 있습니다. 아이 소리를 어른이 똑같이 따라 하면 아이가 자기 발성을 이해하는 데 도움이 됩니다. 얼굴 표정에 변화를 주거나 화기애애하게 대화하듯이 말해주세요.

몸을 뒤집는 시기

몸이 쑥쑥

발로 힘껏 땡땡

준비물 발목에 낄 수 있는 방울 또는 소리 나는 장난감

❶ 아이 양 발목에 방울이나 소리가 나는 장난감을 달아줍니다.
❷ 엄마, 아빠가 아이 발목을 잡고 흔들어 소리를 냅니다.
❸ 아이가 다리를 움직이면 소리가 난다는 사실을 인지하도록 "땡땡 소리가 나네", "다리에서 소리가 나요~"라고 말해줍니다.

조금만 도와주면 아이는 자기 의지대로 다리를 움직일 수 있습니다. 아이 발목에 소리 나는 장난감을 달아주고 다리를 움직일 때마다 소리가 난다는 사실을 인지하게 해주세요. 아이가 스스로 다리를 들어 올려 놀면서 다리 근력이 향상됩니다.

몸을 뒤집는 시기

없다~없다~
이렇게 응용해봐요
손수건이나 탁자 뒤에 숨기
까꿍!
까르르
엄마 표정을 따라 할 수 있어요!
무서운 표정을 보면 울 수 있어요!

마음이 쑥쑥

없다 있다!

❶ 아이와 눈을 마주쳤을 때 "없다, 없다"라고 말하면서 양손으로 얼굴을 가립니다.

❷ 잠시 기다렸다가 "까꿍" 하고 말하면서 양손을 벌리고 환하게 웃어줍니다.

❸ 손수건으로 얼굴을 가리거나 표정을 바꿔가며 아이와 즐겁게 놀이합니다.

가족과 낯선 사람의 얼굴을 구별하고 단기 기억력이 생기는 시기입니다. 엄마, 아빠가 얼굴을 손으로 가리면 '언제 나타날까?' 기다립니다. 놀이에 익숙해지면 다시 얼굴을 보이기까지 시간 간격을 짧거나 길게 변화를 주세요. 다양한 표정을 지으며 아이 반응을 살펴도 좋습니다.

몸을 뒤집는 시기

마음이 쑥쑥

거울 앞에서 방긋

❶아이를 안고 거울 앞에 섭니다.

❷아이가 거울에 비치는 모습을 신기해하며 다가가려고 하면 거울을 보는 방향을 이리저리 바꿔줍니다.

❸아이가 거울 속 엄마, 아빠를 알아보면 손을 흔들거나 미소를 지어 반응해줍니다.

거울 속 존재에 관심을 나타냅니다. 거울을 보여주면 거울에 비친 자신의 모습을 깨닫고 관찰합니다. 거울 속 엄마, 아빠를 알아볼 수 있습니다.

몸을 뒤집는 시기

1

2

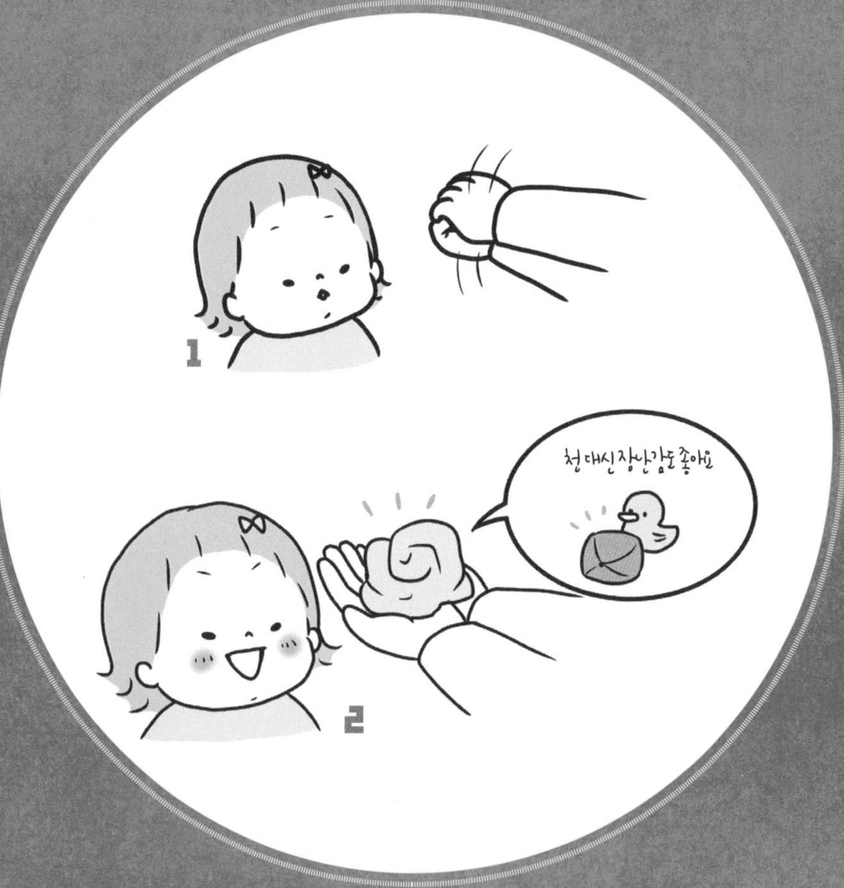

마음이 쑥쑥

주먹이 활짝

준비물 천, 푹신한 인형이나 공

1. 손바닥 사이 천을 숨기고 위아래로 흔들어줍니다.
2. "삐약삐약", "활짝" 등 소리를 내면서 손을 활짝 펼칩니다.

탄력성 좋은 천을 사용하면 불쑥 부풀어 올라서 더 재미있습니다. 천 대신 공깃돌이나 작고 푹신한 인형, 아이가 가장 좋아하는 물건을 이용해도 좋습니다.

허리까지 운동 신경이 발달해 두 팔로 상체를 지지하면서 앉을 수 있습니다. 잠깐씩 마주 보고 앉아 손 놀이를 해도 좋습니다. 주먹 안에 천을 숨기고, "삐약삐약", "활짝" 등 소리를 내면서 손을 활짝 펼쳐주세요. 아이는 손 안에 무엇이 나타날지 관심을 가지고 집중합니다. 리듬감을 살려 말하면서 아이의 행동과 관심을 유도합니다.

몸을 뒤집는 시기

몸이 쑥쑥, 마음이 쑥쑥

이름을 불러요

배밀이를 하는 아이 뒤쪽에서 아이 이름을 부릅니다. 아이가 소리 나는 쪽을 돌아보면 성공! 몸을 틀어 엄마(아빠) 쪽으로 기어 오도록 계속 이름을 불러줍니다.

보고 싶고, 알고 싶은 욕구가 아이의 신체 발달을 촉진합니다. 아이가 보지 못하는 곳에서 이름을 부르면 아이는 엄마, 아빠 소리가 들리는 방향을 찾아서 고개를 돌립니다. 움직임이 활발해지면 소리가 들리는 방향으로 몸을 움직입니다. 이름을 부르는 것에 그치지 말고 평소 아이가 좋아하는 장난감을 보여주거나 움직이는 물건으로 시선을 끌어주세요.

몸을 뒤집는 시기

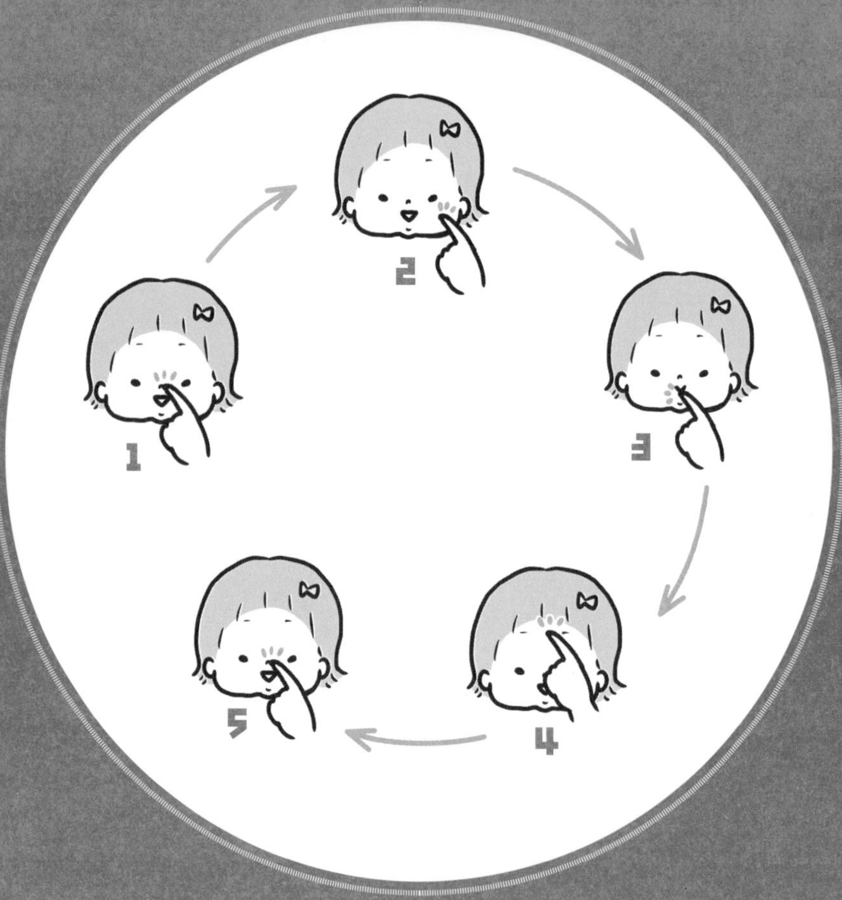

마음이 쑥쑥

코코코 코!

1
아이 코를 톡톡 두드려줍니다.

2
볼 양쪽을 톡톡 두드려줍니다.

3
입 주변을 톡톡 두드려줍니다.

4
이마를 톡톡 두드려줍니다.

5
마지막으로 코를 톡톡 두드려 줍니다.

두드리는 부위에 맞춰 "코코코", "볼볼볼" 리듬감 있게 말합니다. "볼은 어디 있을까? 입은 어디 있을까?"라고 말해주어도 좋습니다. 유아 의자나 무릎 위에 아이를 앉히고 아이와 얼굴을 마주 보고 해도 좋습니다.

신체를 톡톡 두드리며 유대감을 쌓는 놀이입니다. 아이가 자연스럽게 신체 부위 이름을 알게 됩니다. 아이는 '엄마가 이번에는 어디를 톡톡 두드려줄까?' 기대하며 엄마의 움직임에 집중합니다.

몸을 뒤집는 시기

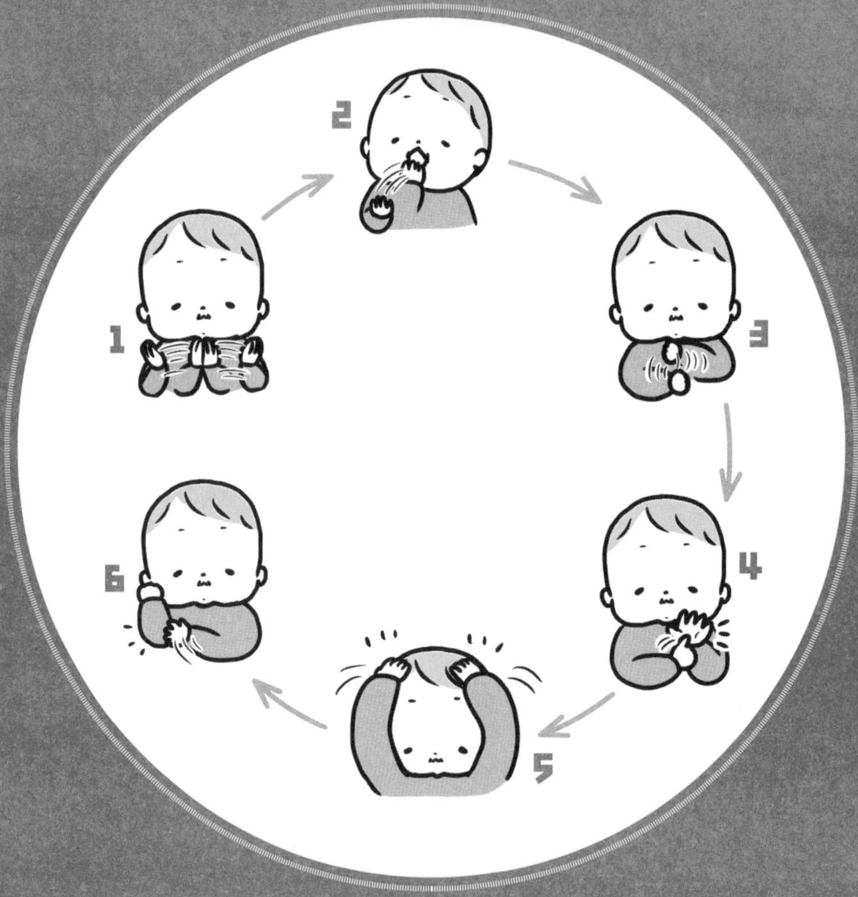

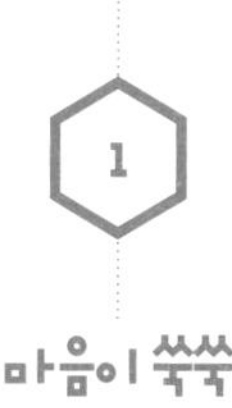

마음이 쑥쑥

손잡고 율동해요

1

아이의 양손을 잡고 손바닥을 맞부딪칩니다.

2

손바닥을 펴서 입에 대고 두 번 두드려줍니다.

3

가슴 앞쪽에서 양손을 실감개처럼 빙글빙글 돌려줍니다.

4

한쪽 손바닥을 위로 펴고, 다른 쪽 손으로 손바닥을 콕콕 눌러줍니다.

5

양손을 머리 위로 가져가 톡톡 두 번 두드려줍니다.

6

한쪽 팔꿈치를 다른 쪽 손으로 톡톡 만져줍니다.

"손바닥 짝짝, 입은 하하, 손은 구리구리, 손바닥 곤지, 머리는 둥둥, 팔꿈치 퐁퐁." 움직임에 맞춰 노래를 불러줍니다.

같은 단어를 반복해서 노래를 들려주면 아이의 언어 발달에 도움이 됩니다. 엄마, 아빠가 직접 율동하며 노래를 불러줘도 좋습니다. 부모와 아이가 일체감을 느끼며 상호 작용하는 놀이입니다.

1

스스로 앉는 시기

생후 6~8개월

	신장	체중
남자아이	63.6 ~ 74.7cm	6.4 ~ 10.5kg
여자아이	61.5 ~ 73.2cm	5.8 ~ 10.0kg

받쳐주지 않아도 스스로 앉을 수 있습니다.
자고 깨기를 반복하던 생활에서
벗어나 밤낮이 구분되는 생활을 합니다.
기본 생활 습관도 익혀 나갑니다.

처음에는 양손으로 상체를 지탱해 앉습니다. 허리를 세우게 되면 양손을 뗀 채로 등을 펴고 앉을 수 있습니다. 누웠을 때보다 시야가 훨씬 넓어집니다.

엎드린 자세에서 무릎으로 기어 다닐 수 있습니다. 잘 기어 다니지 못해도 포복 자세로 움직이는 '배밀이'를 합니다.

육아는

- 모유는 하루에 5~7번, 분유는 200~220mL를 5번 정도 먹습니다.
- 이유식은 익숙해지면 하루 2번 정도 먹입니다.
- 이유식을 먹인 후 아기용 칫솔을 손에 쥐어 주고 양치질하는 습관을 길러줍니다.

손가락으로 물건을 가리킵니다. 갖고 싶은 것이 있으면 손가락으로 가리키면서 "아아", "응응" 하고 말로 표현하려고 합니다.

기억력이 발달해 엄마 뒤를 졸졸 따라다닙니다. 잠깐이라도 엄마 모습이 보이지 않으면 불안해서 우는, 일명 엄마 '껌딱지'가 됩니다.

놀이는

- 눈과 손의 협응 능력이 발달합니다.
- 점차 안정된 자세로 앉지만 간혹 중심을 잃고 넘어지기도 합니다.
- 양손을 사용해 물건을 바꿔 쥐거나 맞부딪쳐 소리를 냅니다.

스스로 앉는 시기

몸이 쑥쑥

손수건이 술술

준비물 손수건이나 천 여러 장, 빈 휴지 케이스

❶ 손수건이나 네모난 천 여러 장을 준비합니다.
❷ 모서리를 묶어 서로 연결합니다.
❸ 모두 묶어 연결하면 빈 휴지 케이스에 넣고 끝부분은 살짝 빼둡니다.

손수건 뽑기 놀이는 소근육 발달을 촉진시킵니다. 또한 무엇이든 손에 쥐고 잡아당기고 싶은 욕구를 충족시킵니다. 아이가 손수건을 다 뽑으면 휴지 케이스에 다시 넣어주세요.

스스로 앉는 시기

마음이 쑥쑥

표정을 흉내 내요

아이와 마주 앉아 얼굴을 바라봅니다. 부모가 먼저 우스꽝스러운 표정을 보여주고, 아이가 따라 하도록 유도합니다.

표정을 살피며 관찰력을 기를 수 있습니다. 아이는 부모의 표정을 보고 자기도 모르게 같은 표정을 짓기도 하지만 의식적으로 따라 하려고도 합니다. 잘 따라 하면 아낌없이 칭찬해주세요.

스스로 앉는 시기

몸이 쑥쑥

몸이 빙글빙글

놀이 방법

❶ 양손으로 아이 양쪽 겨드랑이를 잡고 천천히 한 바퀴 돕니다.
❷ 방향을 오른쪽, 왼쪽 바꾸어가며 천천히 돕니다.
❸ 아이가 엎드린 자세로 아이 배에 손을 대고 옆구리에 공처럼 끼듯이 안아줍니다.
❹ 앞뒤로 천천히 흔들어줍니다.

원심력과 몸을 스치는 바람이 아이의 오감을 자극합니다. 비행기 놀이는 평소와 다른 시야를 경험하게 하고 평형 감각 발달에 도움을 줍니다. "빙글빙글 돌아요", "비행기가 이륙합니다"라고 말해주세요. 아이가 더욱 즐거워합니다. 빠르게 돌거나 격렬하게 흔들면 위험합니다.

스스로 앉는 시기

마음이 쑥쑥

물건이 사라져요

준비물 장난감, 천

1
아이 눈앞에 있는 장난감을 천으로 덮어 가립니다.

2
그대로 잠시 기다립니다.

3
"짜잔" 하며 천을 걷어 장난감을 보여줍니다.

아이가 바라보는 장난감을 천으로 덮어 숨깁니다. 잠시 기다렸다가 천을 들어서 장난감을 보여줍니다. 눈앞에 장난감이 다시 나타나면 아이가 즐거워합니다.

처음에는 눈앞에 있는 물건이 안 보이면 '없어졌다'고 생각하지만, 개월 수를 거듭할수록 스스로 천을 들춰 장난감을 찾으려고 합니다. 보이지는 않지만 존재한다는 사실을 인지합니다.

스스로 앉는 시기

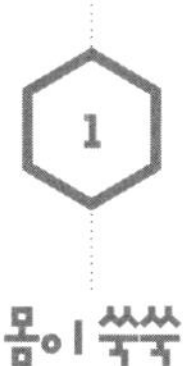

몸이 쑥쑥

나뭇잎 줄다리기

❶ 깨끗한 나뭇잎을 준비합니다.
❷ 아이 손에 나뭇잎 한쪽을 쥐여주고, 엄마(아빠)가 다른 쪽을 잡고 살살 잡아당깁니다.

부드럽고 예쁜 나뭇잎의 양 끝을 엄마(아빠)와 아이가 잡고 당기며 줄다리기합니다. 나뭇잎 대신 손수건이나 타월로 줄다리기를 해도 좋습니다.

줄다리기하면서 손으로 잡아당기는 힘, 자신이 무엇을 원하는지 인지하는 힘을 기를 수 있습니다. 나뭇잎을 만지고, 잎사귀를 뜯어보면서 자연을 마음껏 느끼게 해주세요.

1

스스로 앉는 시기

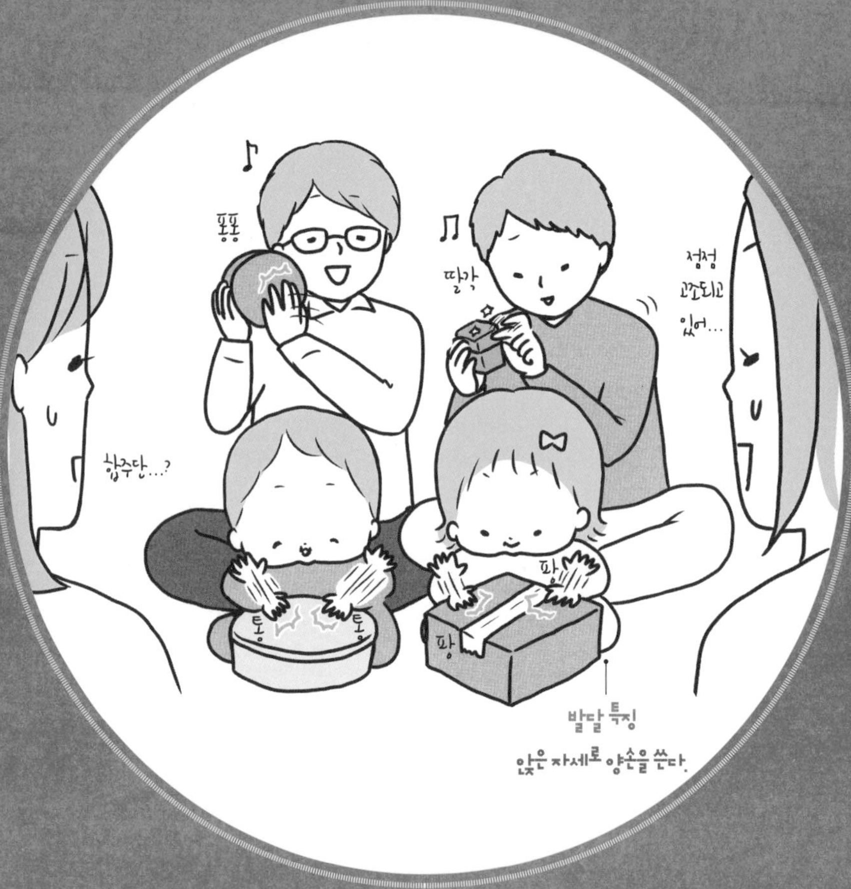
퐁퐁
딸각
점점 고조되고 있어...
합주단...?
통 통
팡 팡
발달 특징
앉은 자세로 양손을 쓴다.

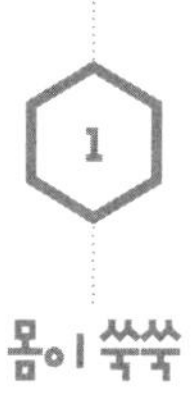

몸이 쑥쑥

우리는 합주단

준비물 빈 상자나 통

❶ 빈 상자나 통처럼 두드리면 소리가 나는 물건을 준비합니다.
❷ 넓고 평평한 부분을 위로 두고 북을 치듯이 손으로 통통 두드립니다.

아이는 안정된 자세로 앉아서 양손을 사용하게 되면 손으로 하는 놀이에 한층 재미를 느낍니다. 주변의 소리 나는 물건, 장난감 악기 등을 두드리며 소리를 내보세요. 물건을 두드리면 다양한 소리가 난다는 사실을 인지합니다.

스스로 앉는 시기

몸이 쑥쑥

엉금엉금 기어가요

❶ 조금 떨어진 곳에 아이가 좋아하는 장난감을 놓아둡니다.
❷ 엄마(아빠)가 장난감 옆에 앉습니다.
❸ "이쪽이야"라고 말하면서 아이가 기어서 오도록 유도합니다.

아이가 고개를 가누고 배밀이를 하게 되면 시야와 흥미를 느끼는 범위가 단숨에 넓어집니다. 놀이를 통해 몸을 움직여서 이동하고 싶은 욕구를 자극해주세요. 처음에는 팔 힘에 의지해 앞으로 기어가지만 점차 발을 쓰고 몸을 틀어서 움직이다가 네 발로 기어 다니게 됩니다.

스스로 앉는 시기

몸이 쑥쑥

술래잡기 놀이

아이가 네 발로 기어 다니게 되면 기어 다니는 아이의 뒤를 졸졸 따라가며 술래잡기합니다. 아이가 엄마(아빠)가 있는 쪽을 돌아보면 잠시 멈추었다가 다시 쫓아갑니다. "엄마(아빠)가 쫓아간다" 라는 말과 함께 뒤따라가면서 놀이에 재미를 더합니다.

네 발로 기어 다니기를 유도하는 놀이입니다. 다리와 허리 근육을 단련시킵니다. 아이가 술래잡기 놀이의 즐거움을 맛보면 어느새 부모가 뒤에서 쫓아오기를 기다립니다.

스스로 앉는 시기

몸이 쑥쑥

이불 길을 건너요

준비물 이불

❶ 방 안에 이불이나 매트로 높낮이가 다른 길을 만들어줍니다.
❷ 아이가 고개와 엉덩이를 들고 이불 길을 기어가도록 앞쪽에서 아이를 북돋아줍니다.

부모가 만든 안전한 운동 시설에서 아이가 마음껏 운동하게 해주세요. 엉덩이를 들고 기어 다니는 동작은 균형 감각 발달에 도움이 됩니다. 이불 길의 높낮이에 따라 손발 힘을 조절해 기어갈 수 있습니다. 아이가 손발이 뒤엉켜 넘어지지 않도록 잘 살펴봅니다.

스스로 앉는 시기

몸이 쑥쑥

하나 둘 폴짝!

아이를 안고 산책하면서 발을 콩콩 구릅니다. 아이 목을 잘 받치고 살짝 진동이 전해질 정도로 가볍게 점프합니다.

아이가 집에서 칭얼거릴 때 밖으로 나가서 시야를 바꿔주세요. 아이의 기분 전환에 도움이 됩니다. 평범한 산책도 걸음걸이에 변화를 주면 아이가 즐거워합니다. 엄마(아빠)가 만드는 작은 리듬이 아이의 균형 감각 발달을 촉진시킵니다.

스스로 앉는 시기

몸이 쑥쑥, 마음이 쑥쑥

말이 이랴!

❶ 앉은 자세에서 다리를 45도로 기울입니다.
❷ 무릎 위에 아이를 앉히고 말을 타듯 위아래로 둥실둥실 흔들어 줍니다.
❸ 방향을 바꿔 아이와 마주 보고 말을 타듯 위아래로 둥실둥실 흔들어줍니다.
❹ 마지막에는 조금 크게 흔들다가 바닥에 콩 하고 내려옵니다.

리듬감 있게 흔들리는 자극을 느끼는 놀이입니다. 말을 타는 듯한 동작은 아이의 온몸 근육을 자극해 운동 발달을 촉진시킵니다. 아이 스스로 발을 구르기도 합니다.

스스로 앉는 시기

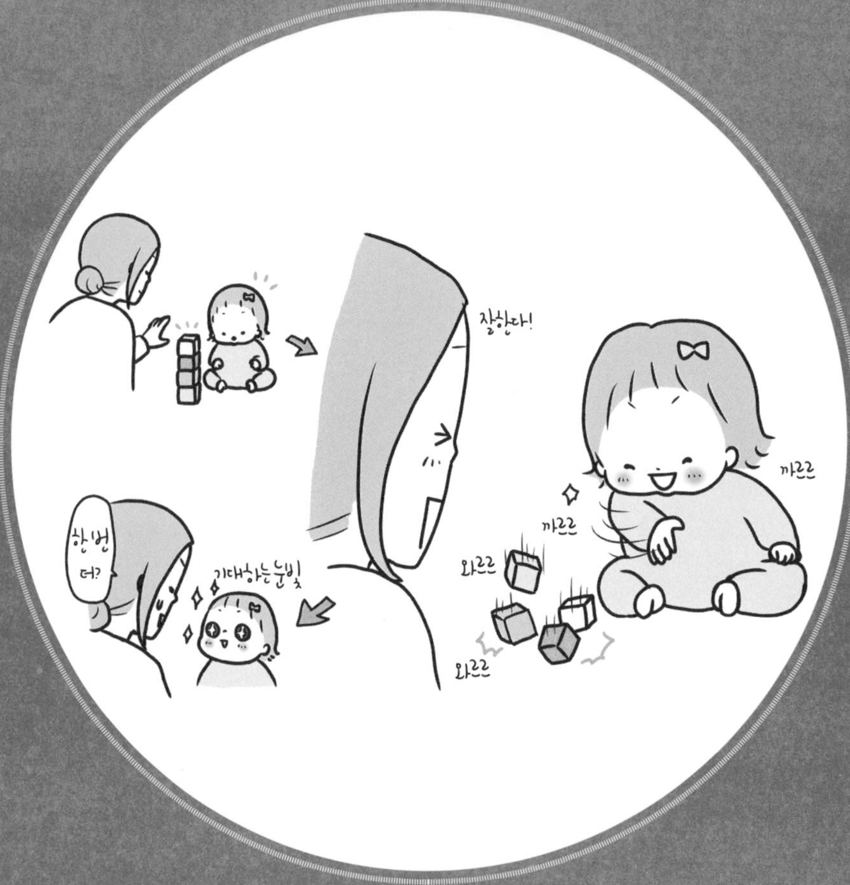

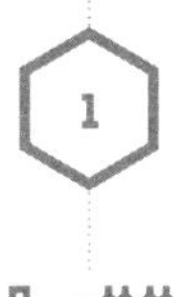

몸이 쑥쑥

블록을 무너뜨려요

준비물 블록 3~4개

❶ 앉아 있는 아이 앞에 블록을 쌓아 올립니다.
❷ 아이가 블록을 만지다 무너뜨리면 "블록이 쿵", "우와", "까아" 하며 과장되게 반응합니다.
❸ 무너진 블록을 다시 쌓아 올립니다.

쌓아 올린 물건에 힘을 가하면 와르르 무너진다는 사실을 인지하고, 블록을 반복해 무너뜨립니다. 블록은 아이가 한 손으로 잡을 수 있는 크기가 좋습니다. 부모의 반응에 큰 만족감을 느끼면 다시 쌓아준 블록을 일부러 무너뜨리기도 합니다.

스스로 앉는 시기

몸이 쑥쑥

플라스틱 캡슐 놀이

준비물 플라스틱 캡슐, 비즈, 셀로판테이프, 접착제

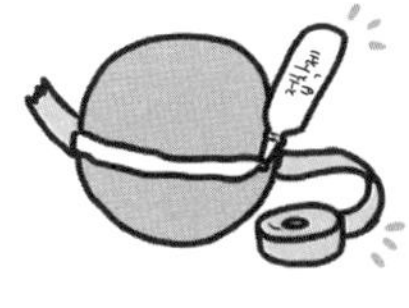

1
동그란 플라스틱 캡슐 안에 비즈를 넣습니다.

2
캡슐이 열리지 않도록 접착제와 셀로판테이프로 단단히 고정합니다.

캡슐은 여러 개 준비하면 좋습니다. 아이가 캡슐을 떨어뜨리거나 멀리 던지면 새로운 캡슐을 건네줍니다.

속이 빈 플라스틱 캡슐 안에 비즈를 넣어 소리 나는 장난감을 만들어주세요. 손으로 굴리고, 잡아서 흔들고, 두 개를 맞부딪치면서 눈으로 본 물건을 손으로 움직이는 협응 능력을 기를 수 있습니다.

1

스스로 앉는 시기

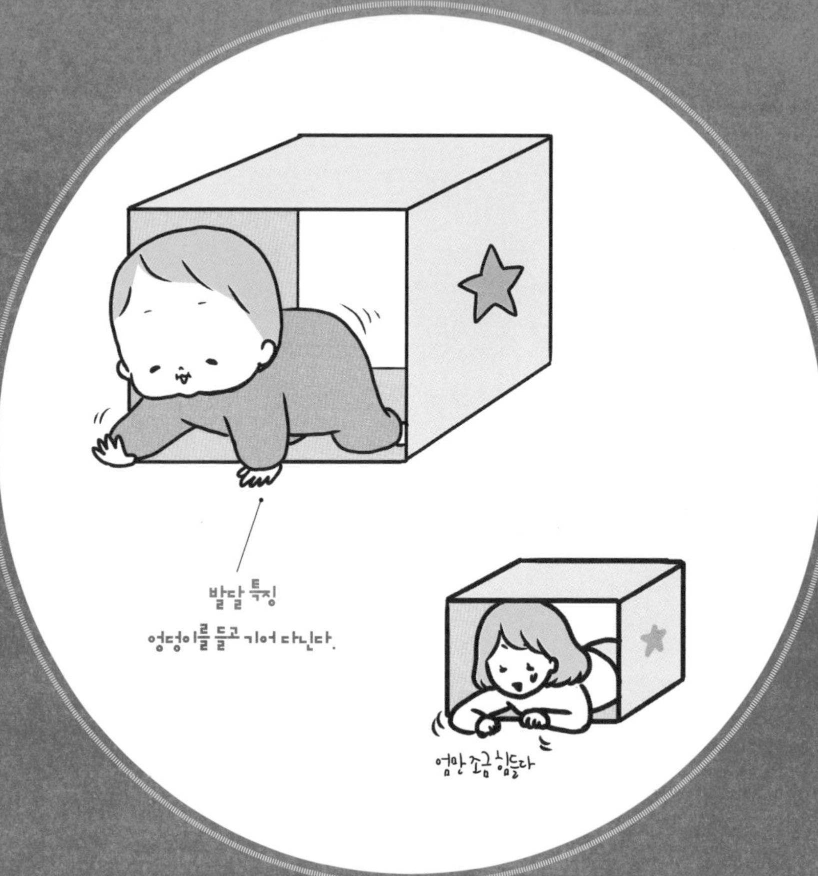
발달 특징
엉덩이를 들고 기어 다닌다.
엄마 조금 힘들다

몸이 쑥쑥

터널을 지나가요

준비물 종이 상자, 가위, 셀로판테이프, 색종이, 접착제

놀이 방법

1 종이 상자 위아래를 자르거나 안쪽으로 접어서 셀로판테이프로 고정합니다.

2 상자 겉면에 천이나 색종이를 붙여 꾸며줍니다.

종이 상자로 아이가 엉금엉금 기어서 지나다닐 수 있는 짧은 터널을 만들어줍니다. 터널 2~3개로 코스를 만들어도 좋습니다. 52쪽 "영차, 대왕 쿠션" 놀이와 조합해 작은 모험 세계를 만들 수도 있습니다.

네 발 기기는 아이의 운동 능력 발달에 도움이 됩니다. 터널 속을 지나다니며 공간 지각 능력을 향상시킬 수 있습니다.

스스로 앉는 시기

짝짝

짝

쿵쿵

쿵

소리로 대화하는 거
같은데...?

쿵쿵
쿵쿵

짝짝
짝짝

발달 특징
양손을 똑같이
움직일 수 있다.

모스 부호 같은 거야?

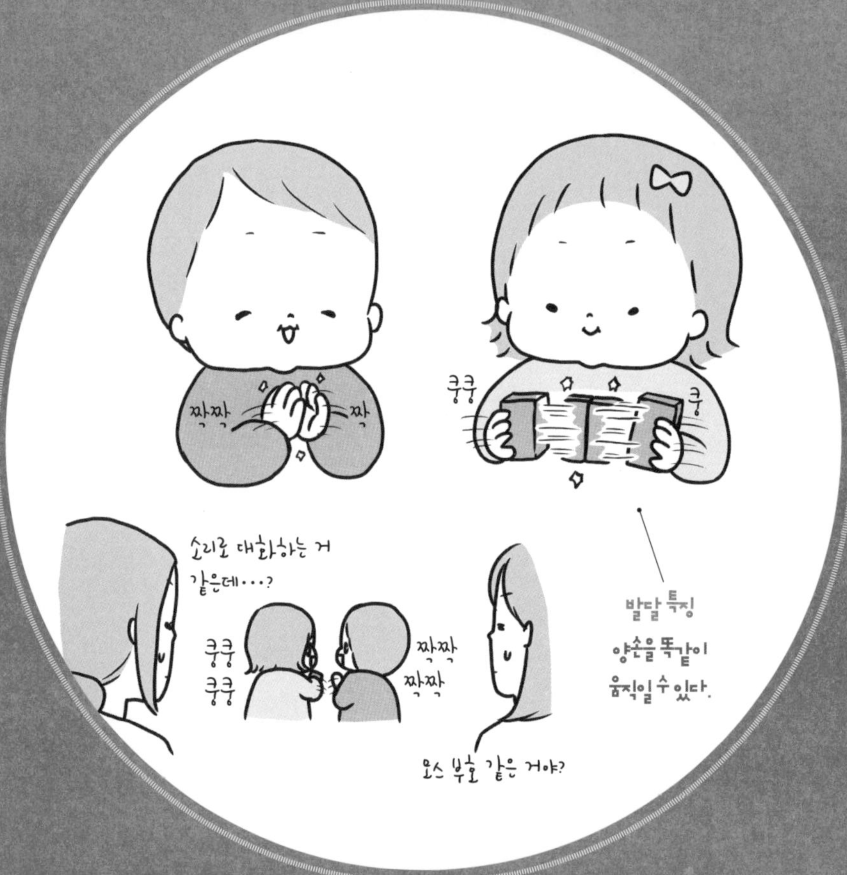

몸이 쑥쑥

쿵쿵 짝짝짝

준비물 블록 2개

앉아 있는 아이 손에 블록 2개를 쥐어줍니다. 블록을 쥔 양손을 맞부딪쳐 쿵쿵하고 소리를 내도록 유도합니다.

손가락을 더욱 자유자재로 움직일 수 있습니다. 한 손에 물건을 쥐고 두드리던 동작에서 양손에 물건을 쥐고 맞부딪치는 동작으로 발전합니다. 양손 움직이기는 아이에게 어려운 일입니다. 부모가 먼저 시범을 보여주세요. 아이가 쉽게 따라 할 수 있습니다.

스스로 앉는 시기

발달 특징
한 손에 쥔 물건을 다른 손으로
옮겨 쥔다.

아이돌 무대♡
딸랑
딸랑
반주?
딸랑딸랑
딸랑딸랑

몸이 쑥쑥

마라카스를 흔들어요

준비물 두꺼운 종이 심지, 방울, 랩, 셀로판테이프, 색종이, 접착제

놀이 방법

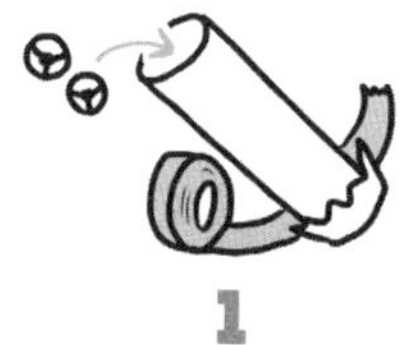

1

종이 심지에 방울을 넣고 위아래 구멍을 랩으로 막은 다음 셀로판테이프로 고정합니다.

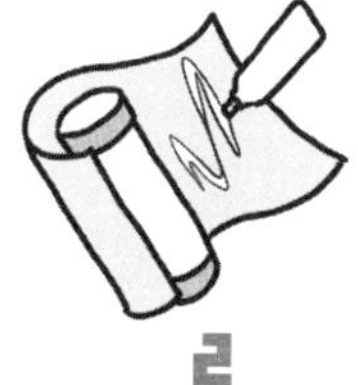

2

심지 겉면에 천이나 색종이를 붙여 꾸며줍니다.

종이 심지로 마라카스를 만들어 아이 손에 쥐여줍니다. 안에 든 방울이 빠져나오지 않도록 심지 양 끝을 꼼꼼히 막아줍니다. 방울 대신 작은 비즈나 공을 넣어도 좋습니다.

놀이 효과

이 시기 아이는 손에 쥔 물건을 다른 손으로 옮겨 쥘 수 있습니다. 한 손에 물건을 쥔 아이에게 새로운 물건을 내밀면 다른 쪽 손으로 물건을 받기도 합니다. 마라카스를 흔들어서 소리를 내거나 오른 손에서 왼손으로 옮겨 쥐며 놀이합니다. 아이가 방울을 입에 넣지 않도록 잘 살펴봐주세요.

잡고 일어서는 시기

생후 9~11개월

	신장	체중
남자아이	67.7 ~ 78.9cm	7.2 ~ 11.5kg
여자아이	65.6 ~ 77.5cm	6.6 ~ 11.0kg

네 발로 기어 다니는 속도가 빨라지고, 무언가를 잡고 일어서게 되는 시기입니다. 발달이 빠른 아이는 붙잡고 걸을 만큼 눈부시게 성장합니다.

손놀림이 섬세해지면서 엄지와 검지로 물건을 잡을 수 있습니다. 손으로 집어 먹는 음식을 접시에 담아주면 집어서 입으로 가져갑니다.

네 발로 잘 기어 다니게 되면 가구를 붙잡고 일어섭니다. 일어선 상태에서 한 걸음 한 걸음 걷기 시작합니다.

육아는

- 단유를 준비할 때입니다.
- 이유식은 하루 3번이 적당합니다. 아이가 이유식을 손으로 집어 먹거나 흘리더라도 제지하지 말고 스스로 먹도록 지켜봅니다.
- 첫 신발을 준비할 때입니다.

마음이 쑥쑥

자아가 싹트고 엄마를 향한 애착도 강해져 엄마를 졸졸 따라다니는 아이가 많습니다. 화장실에 갈 때처럼 잠시 자리를 비울 때는 아이에게 말을 걸어서 엄마가 곁에 있다는 사실을 알려줍니다.

아이는 어른 흉내 내기를 좋아해서 무엇이든 따라 하려고 합니다. "맘마"처럼 짧은 단어도 말할 수 있게 됩니다. 대화를 하며 상호 작용합니다.

놀이는

- 이동 범위가 넓어집니다.
- 놀이에 집중해서 자기만의 세계에 빠져들기도 합니다.
- 이름을 부르면 재빨리 뒤돌아봅니다.

잡고 일어서는 시기

붙잡고 일어섰어!

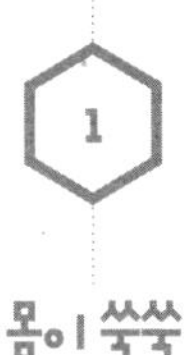

몸이 쑥쑥

상자를 옮겨요

준비물 커다란 통이나 상자, 장난감

❶ 커다란 통이나 상자를 준비합니다.
❷ 아이가 다치지 않도록 모서리를 셀로판테이프로 감쌉니다.
❸ 상자가 조금 묵직해질 만큼 장난감을 넣어줍니다.

무게 중심을 활용해 상자 옮기는 방법을 배웁니다. 상자를 붙잡고 일어서거나 손으로 밀면서 걷기 연습을 합니다. 공간을 인지하고 방향을 틀기도 합니다. 상자 무게는 아이가 밀고 당길 수 있을 정도로 맞춰줍니다.

1

잡고 일어서는 시기

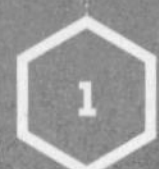

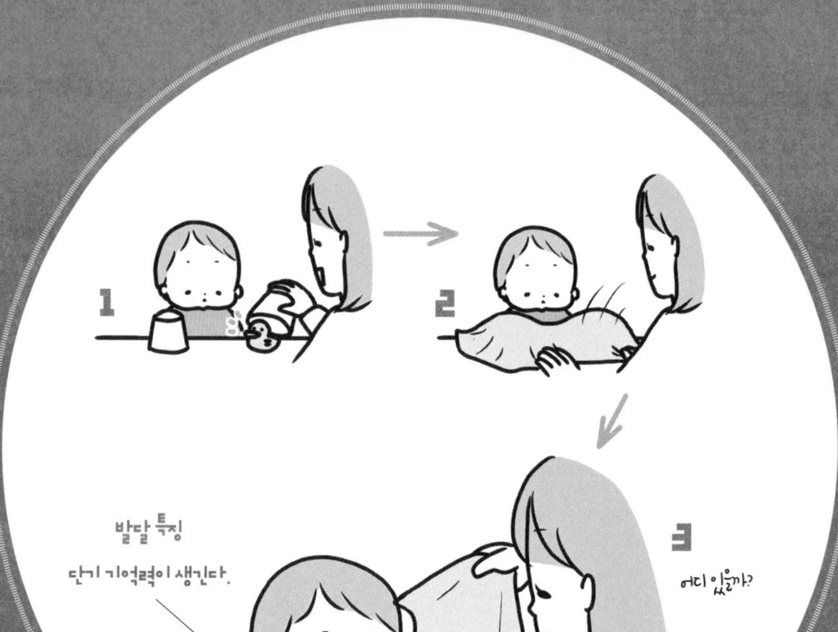
1
2
3
발달 특징
단기 기억력이 생긴다.
어디 있을까?

몸이 쑥쑥

어디 있을까?

준비물 컵 2개, 장난감

1
컵 2개를 준비한 다음, 아이가 보는 앞에서 한쪽 컵 속에 장난감을 숨깁니다.

2
컵을 천으로 덮어 가립니다.

3
잠시 후 천을 걷고 어느 컵에 장난감이 들었는지 물어봅니다.

"장난감이 없어졌네?", "어디에 있을까"라고 말하면서 아이의 관심을 끌어줍니다. 천을 덮은 채로 잠시 기다려도 좋습니다.

놀이 효과

컵 속에 장난감을 숨기고, 어느 쪽 컵에 장난감이 있는지 맞추는 놀이입니다. 지금까지는 물건을 숨기면 '없어졌다'고 생각했지만 자라면서 '눈에 보이지 않아도 어딘가에 있다'는 사실을 인지합니다. 개월 수가 더해갈수록 장난감이 든 컵으로 손을 뻗습니다.

잡고 일어서는 시기

몸이 쑥쑥

무릎 미끄럼틀

놀이 방법

❶ 앉은 자세에서 다리를 45도로 기울입니다.
❷ 무릎 위에 아이를 앉히고 양손으로 아이 겨드랑이를 안정감 있게 잡아줍니다.
❸ 미끄럼틀을 타고 미끄러지듯 무릎 위에서 아래로 내려주고, 아래에서 위로 끌어 올려줍니다.

놀이 효과

무릎 위에서 미끄럼틀을 타며 균형을 잡는 놀이입니다. 아이가 낮은 곳과 높은 곳을 오가며 시각적으로 깊이를 인지하게 됩니다. "미끄럼틀이야~", "다시 올라가요" 하고 말을 걸어주세요. 아이가 무서워하지 않을 정도로 속도를 살짝 높여도 괜찮습니다.

잡고 일어서는 시기

몸이 쑥쑥

물이 출렁출렁

준비물 작은 페트병, 물, 접착제, 셀로판테이프, 속 재료(비즈, 구슬, 스팽글 등)

놀이 방법

1

페트병에 비즈, 구슬, 스팽글 등 속 재료를 넣습니다.

2

물을 담고 뚜껑을 닫습니다. 접착제로 뚜껑을 고정한 다음 셀로판테이프로 감아줍니다.

페트병마다 물 양을 다르게 담아줍니다. 물에 물엿을 섞어서 점성 있게 만들면 내용물이 천천히 움직여 아이가 보기에 좋습니다. 페트병은 아이 손에 잡힐 만큼 작은 크기가 좋습니다.

놀이 효과

눈과 손 협응 능력 발달에 도움이 되는 놀이입니다. 이 시기 아이는 물에 뜨는 것, 반짝이는 것에 흥미를 보입니다. 물병을 가지고 컵에 물을 따르는 시늉을 하고, 물병을 굴리거나 흔들어서 내용물이 움직이는 모습을 관찰합니다.

잡고 일어서는 시기

몸이 쑥쑥, 마음이 쑥쑥

다리 사이로 안녕!

양쪽 다리를 벌리고 다리 사이로 얼굴을 내밀며 아이의 이름을 부릅니다. 아이가 가까이 다가오면 다리 사이로 지나가도록 유도합니다.

일명 엄마 '껌딱지'가 되는 시기입니다. 늘 곁에 있는 보호자의 얼굴이 갑자기 보이지 않으면 아이는 불안감을 느낍니다. 성장 단계 중 하나라고 생각하고, 놀이를 통해 불안감을 해소해주세요. 아이가 엄마 뒤를 졸졸 따라올 때 다리 사이로 얼굴을 보이며 반갑게 인사합니다.

잡고 일어서는 시기

귀여워~

안녕하세요

네에!

끄덕

번쩍

발달 특징

엄마, 아빠
행동을 따라 한다.

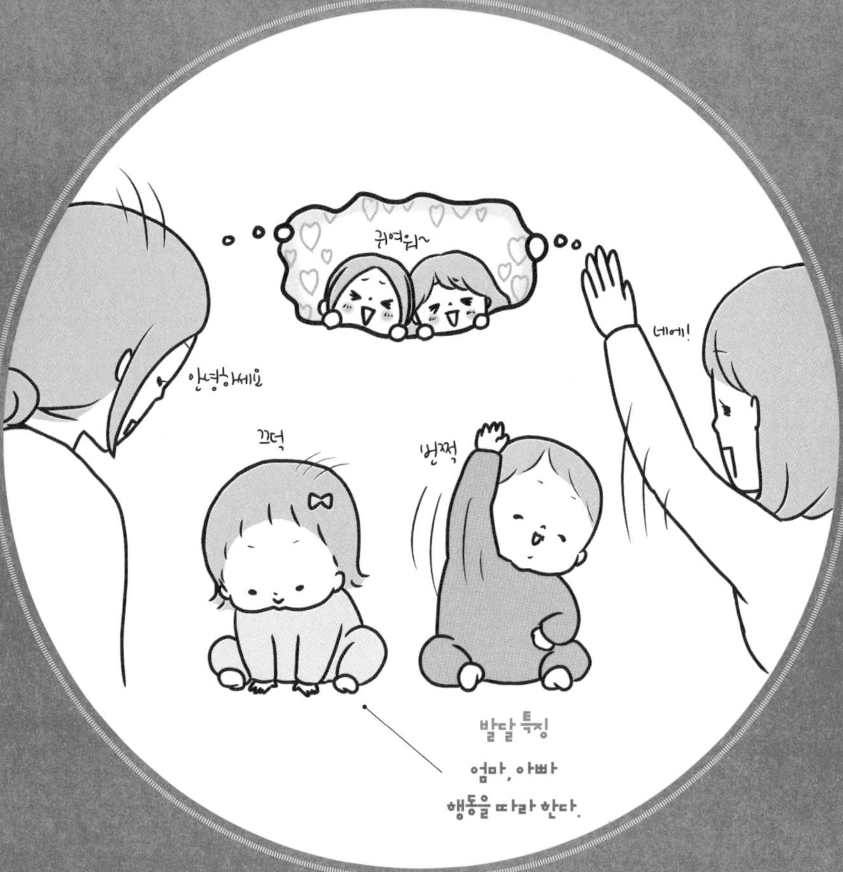

마음이 쑥쑥

같이 인사해요

아이와 마주 보고 앉아서 "안녕하세요", "네~!", "빠이빠이"처럼 간단한 말에 동작을 곁들여 인사합니다.

아이가 부모를 곧잘 따라 할 때 하기 좋은 상호 작용 놀이입니다. 엄마(아빠)가 동작을 반복해서 보여주면 아이는 따라 합니다. 엄마(아빠) 행동을 유심히 관찰하기도 합니다. 아이가 따라 하지 않더라도 강요하지는 마세요. 아이마다 발달 속도는 다릅니다.

잡고 일어서는 시기

몸이 쑥쑥

잡아당기면 뿅

준비물 옷걸이, 종이 또는 천, 가위, 고무줄, 손수건 또는 타월

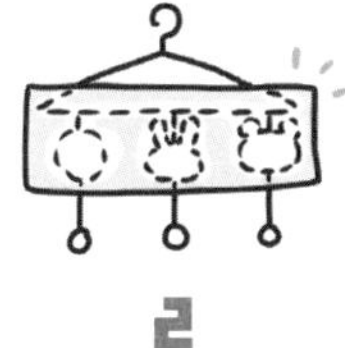

1

2

놀이 방법

1. 종이나 천으로 동물 얼굴과 손잡이를 만듭니다. 동물 얼굴과 손잡이에 고무줄을 매단 다음 옷걸이에 묶어줍니다.

2. 동물 얼굴이 가려지도록 옷걸이에 손수건 또는 타월을 걸칩니다. 옷걸이를 아이 손이 닿는 곳에 매달아 줍니다.

놀이 효과

아이가 일어서게 되면 시야가 넓어져 관심을 가지는 대상의 범위도 확장됩니다. 만지고 싶은 대상이 생기면 가구를 붙잡고 걸으며 다가가려고 합니다. 옷걸이를 벽이나 침대 난간처럼 아이 눈에 잘 띄는 곳에 달아주세요. 고무줄을 잡아당겨서 동물 얼굴이 나오면 아이가 무척 재미있어 합니다. 옷걸이가 떨어지지 않도록 단단히 고정하고, 눈을 떼지 말고 지켜봅니다.

잡고 일어서는 시기

데굴데굴~

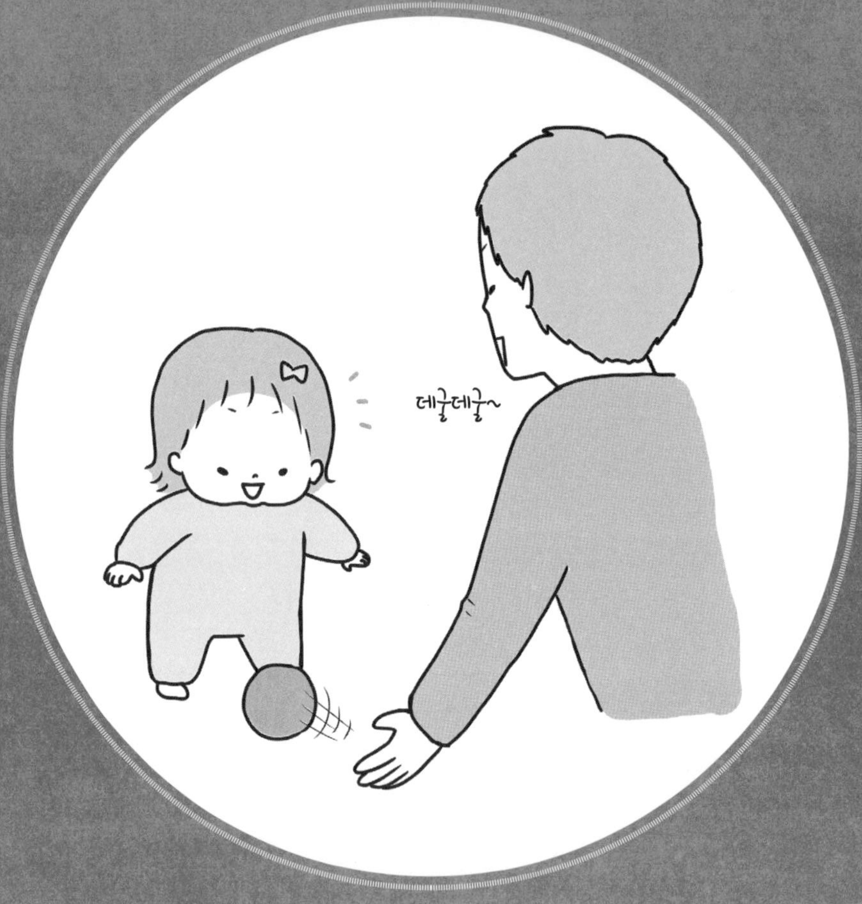

몸이 쑥쑥

공을 굴려요

일어선 아이의 다리 사이로 공을 굴립니다. 아이가 허리를 숙여서 잡을 수 있을 만큼 천천히 굴려줍니다.

몸을 숙였다가 일어나는 동작을 유도하려면 아이가 가구를 붙잡고 서 있을 때 공을 굴려야 합니다.

가구를 붙잡고 일어선 상태에서 몸을 숙였다가 일어날 수 있습니다. 공놀이를 해도 좋은 시기입니다. 부모가 먼저 시범으로 공을 잡는 동작을 보여주세요. 아이가 굴러가는 공을 잡으면 “잘했어”라고 칭찬하며 공 굴리기를 유도합니다. 아직 공을 주고받기는 어렵습니다.

잡고 일어서는 시기

진지···

우우···

어머,
열쇠를 언제 여기에!

발달 특징
물건을 집어서
떨어뜨린다.

몸이 쑥쑥

구멍에 퐁당

준비물 뚜껑 달린 플라스틱 통 또는 상자, 블록

❶ 플라스틱 통 뚜껑에 구멍을 뚫습니다. 구멍 테두리를 부드럽게 다듬어줍니다.

❷ 구멍 안에 쏙 들어갈 크기의 블록을 준비합니다.

처음에는 구멍과 블록 모두 큼지막한 크기부터 시작해서 조금씩 작은 크기로 바꿔줍니다. 놀이에 익숙해지면 입체 도형 맞추기도 할 수 있습니다.

블록을 손으로 집어서 구멍 안에 넣어 떨어뜨리는 놀이입니다. 눈과 손 협응 능력을 한층 발달시킵니다.

잡고 일어서는 시기

여기요

주세요

그러다 보면

자!

마음이 쑥쑥

물건을 주고받아요

놀이 방법

❶ 아이와 마주 보고 앉아 "여기요"라고 말하면서 장난감을 건네줍니다.
❷ 이번에는 아이에게 "주세요"라고 말하면서 손을 내밀어 장난감을 받습니다.
❸ 아이가 장난감을 건네주면 "고맙습니다"라고 말해줍니다.

놀이 효과

말과 행동을 같이 하는 놀이는 아이의 기억력을 쑥쑥 자라나게 합니다. "여기요", "주세요"라는 말과 함께 상호 작용 놀이를 해주세요. 처음에는 물건을 받을 수는 있어도 건네지 못하거나 엄마, 아빠 말을 이해하지 못합니다. 하지만 반복하다 보면 주고받기가 익숙해집니다.

잡고 일어서는 시기

몸이 쑥쑥, 마음이 쑥쑥

까꿍!

❶ 아이가 아빠, 엄마를 찾아다니면 슬쩍 문 뒤로 몸을 숨깁니다.
❷ 아이가 불안한 듯 쫓아오면 "까꿍" 하고 얼굴을 내밀어줍니다.

얼굴을 내밀 때는 아이가 너무 놀라지 않게 조심해야 합니다. 아이가 엄마(아빠)를 찾지 못하고 혼자서 불안해하는 시간이 길어지면 "이쪽이야"라고 말해서 위치를 알려줍니다.

부모를 졸졸 따라다니는 특성을 살려서 술래잡기 놀이를 해보세요. 부모의 모습이 보이지 않으면 울음을 터뜨리는 아이도 있습니다. 아이가 울면 바로 안아서 달래줍니다.

잡고 일어서는 시기

마음이 쑥쑥

여기 여기 붙어라

아이 앞에서 검지손가락을 세우고 "여기, 여기 붙어라" 하고 말하며 손가락을 잡도록 유도합니다.

멀리 있는 물건을 손가락으로 가리켜도 보지 못하고, 눈앞에 있는 손가락에만 시선을 집중합니다. 이런 특성을 이용해 손가락 잡기 놀이를 해보세요. 놀이할 때 "○○ 할 사람"이라는 규칙을 덧붙이면 아이의 질서 의식을 기르는 데 도움이 됩니다. 무언가를 시작할 때, 좋아하는 것을 권유할 때처럼 즐거운 일이 일어나는 신호로 활용해도 있습니다.

이런 놀이도 있어요

출생~생후 2개월

주로 잠을 자는 시기

혀를 메롱

사람 얼굴을 그림으로 그린 다음 입 부분에 구멍을 냅니다. 다른 색깔 종이를 구멍에 들어갈 만한 크기로 잘라줍니다. 아이 눈앞에서 구멍으로 종이를 내밀었다가 집어넣으며 "메롱"이라고 말해주세요. 엄마, 아빠가 혀를 메롱 하고 내밀어도 됩니다. 이때 아이는 부모가 혀를 내미는 모습을 응시하다가 따라서 내밀기도 합니다.

우리는 집 안 탐험대!

아이 목을 잘 받치고 안은 다음 집 안 곳곳을 탐험합니다. 아이 시선이 닿는 곳에 있는 사물을 가리키며 말해주세요. 흔들리는 물건이나 모습을 비추는 거울처럼 아이가 유심히 바라보는 물건들을 말로 표현해줍니다.

같은 곳을 바라봐요

아이가 바닥에 등을 대고 누웠을 때 아이 옆에 나란히 누워 아이가 보는 곳을 함께 바라봅니다. 아이와 얼굴을 가까이 맞대면 더욱 친밀감을 느낄 수 있습니다. 아이 시야로 보면 뜻밖의 발견을 할 수도 있습니다. 아이 눈높이에서 같은 곳을 바라보며 상호 작용해주세요.

생후 3~4개월

타월 그네

목욕 타월 가운데에 아이를 눕힙니다. 엄마와 아빠가 각각 타월 양 끝을 잡고 천천히 흔들어주세요. 아이가 고개를 가누게 되면 할 수 있는 놀이입니다. 흔들리는 자극이 균형 감각 발달을 촉진시키고, 편안함을 느끼게 합니다.

손으로 눌러요

비닐봉지에 공기를 채워 부풀린 다음 손으로 눌러 바스락 소리를 내주세요. 페트병과 같이 소리 나는 물건을 가볍게 눌러 딸각딸각 소리를 내도 좋습니다. 아이는 종이, 비닐봉지, 페트병에서 나는 소리를 좋아합니다. 아이가 칭얼대거나 유독 예민하게 굴며 짜증 낼 때 이런 소리를 들려주면 울음을 그칩니다.

배가 뿌뿌뿌

아이 배에 입을 대고 '뿌뿌뿌뿌', '뿌웅' 하고 숨을 내뿜어보세요. 기저귀를 갈 때, 옷을 갈아입힐 때 해주면 아이가 즐거워합니다. 고개를 가누는 시기가 되면 아이는 소리 내며 즐겁게 웃습니다. 2~3세가 될 때까지 재미있게 할 수 있는 놀이입니다.

생후 6~8개월

노래를 불러요

아이 얼굴을 바라보며 노래를 불러주세요. 어떤 노래든 좋습니다. 특히 아이가 좋아하는 리듬이나 단어가 있으면 반복해서 들려주세요. 세상에서 가장 좋아하는 엄마, 아빠의 노랫소리는 아이에게 가장 큰 즐거움입니다. 조금 더 자라면 리듬에 맞춰 스스로 몸을 흔들기도 합니다.

그림책으로 소리 놀이

이 시기 아이는 아직 이야기의 내용을 이해하지 못합니다. 이야기 대신 '흐물흐물', '쿵쿵' 처럼 의성어와 의태어가 많은 그림책을 읽어주세요. 부모가 그림을 보며 "우와 맛있겠다!", "아이, 예뻐"라고 감상을 덧붙이거나 과장된 반응을 보여주면 좋습니다. 단어의 발음이나 리듬을 강조해 말해주세요.

기저귀 브릿지

아이는 다리와 허리 근육이 발달하면 기저귀를 갈 때 몸을 뒤집거나 비틉니다. 그럴 때는 아이 허리를 잡고 올려서 브릿지 자세를 만들어주세요. 기저귀를 갈 때 "우리 브릿지 놀이할까?"라고 말하면 아이는 놀이를 한다고 생각해 얌전히 있기도 합니다. 개월 수를 거듭하면 아이가 직접 엉덩이를 들어 올려 기저귀 갈이를 도와줍니다.

2

스스로 걷는 시기 | 이런 놀이도 있어요

스스로 걷는 시기

생후
12~24개월

	신장	체중
남자아이	71.3 ~ 92.9cm	7.8 ~ 15.1kg
여자아이	69.2 ~ 91.8cm	7.1 ~ 14.6kg

혼자서 걸을 수 있습니다.
생각과 감정을 짧은 단어로 표현하고,
장난감을 쌓아 올립니다.
컵에 든 물도 따를 수 있습니다.

몸이 쑥쑥

물건을 잡고 걷다가 마침내 손을 떼고 걷게 됩니다. 아직 발이 평평해서 아장아장 걷다가 넘어지기도 합니다.

활동량이 늘어나면서 아이의 동그란 체형이 비교적 홀쭉해집니다. 다리와 허리가 튼튼해져 일어섰다가 쪼그려 앉을 수도 있습니다.

- 이유식이 하루 3번으로 자리 잡습니다. 12개월이 지나면 우유도 마실 수 있습니다.
- 소변을 보는 간격이 2시간 이상으로 늘어나면 배변 훈련을 할 수 있습니다.

마음이 쑥쑥

자립심이 강해지고 자기 주장이 생겨서 무엇이든 스스로 하려고 합니다. 생각처럼 잘 안 되면 드러누워 떼를 쓰기도 합니다.

엄마, 아빠 말을 유심히 들으며 내용을 이해합니다. 아직 정확하게 말하지는 못해도 소리를 열심히 따라 하면서 자기 생각을 전하려고 합니다.

놀이는

- 두 발로 걸으면서 운동량이 늘어납니다.
- 상황극 놀이(역할 놀이)를 많이 합니다.
- 활발한 움직임에 걸맞게 활동성이 좋은 옷을 입혀줍니다.

2

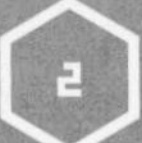

스스로 걷는 시기

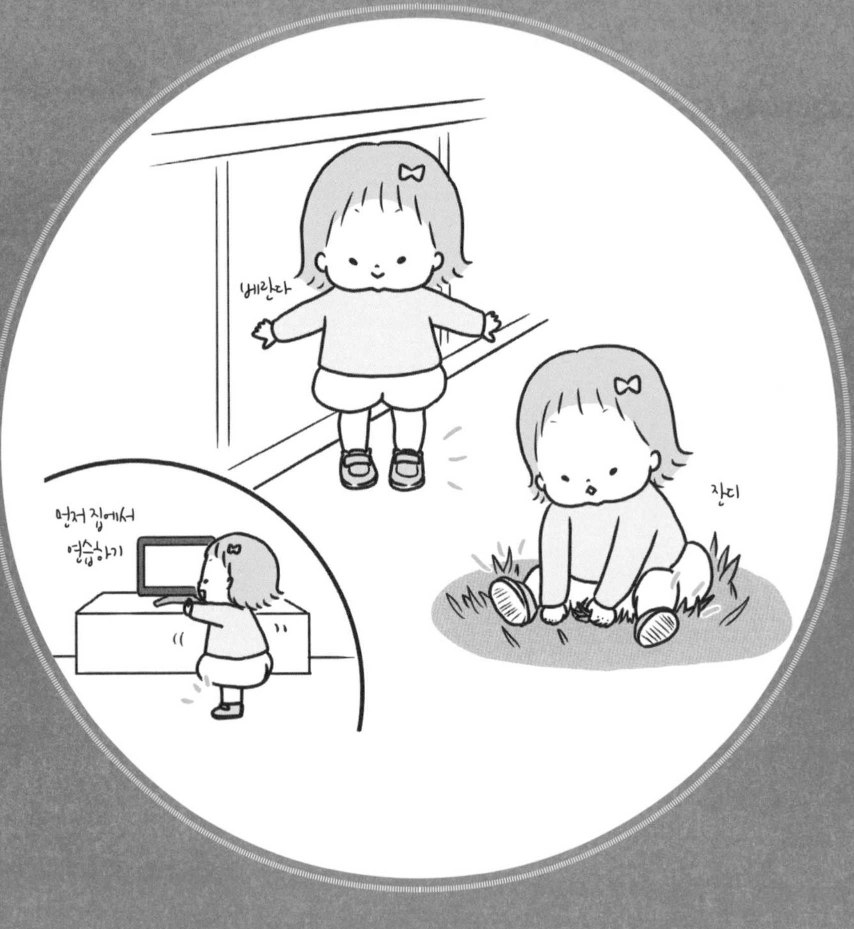
베란다
잔디
먼저 집에서
연습하기

신발을 신고 걸어요

두 발로 설 수 있게 되면 밖으로 나갈 때 신발을 신겨줍니다. 처음에는 집 안에서 신발을 신고 걷게 합니다. 신발 신고 걷기에 익숙해지면 잔디밭이나 공원 등에서 신발을 신고 걷게 합니다.

가구를 잡고 걷는 단계를 지나면 스스로 일어서 걷게 됩니다. 신발을 신고 걷는 데 익숙해지도록 바깥 활동을 자주 해주세요. 첫 신발은 안에서 발가락이 움직일 정도로 살짝 넉넉한 사이즈가 좋습니다.

스스로 걷는 시기

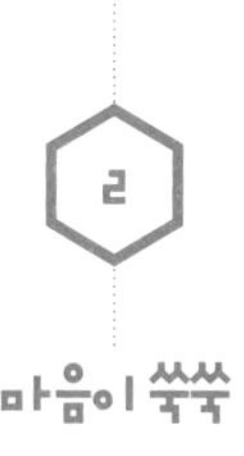

마음이 쑥쑥

하이파이브!

"하이파이브!"라고 말하면서 손을 들어 올려 아이와 손바닥을 마주칩니다.

말과 동작을 연결할 수 있습니다. 스킨십이 부모와 아이의 신뢰를 돈독히 하는 데 도움이 됩니다. 동작을 반복하다 보면 "하이파이브!"라는 말에 아이가 먼저 손바닥을 마주치기도 합니다.

스스로 걷는 시기

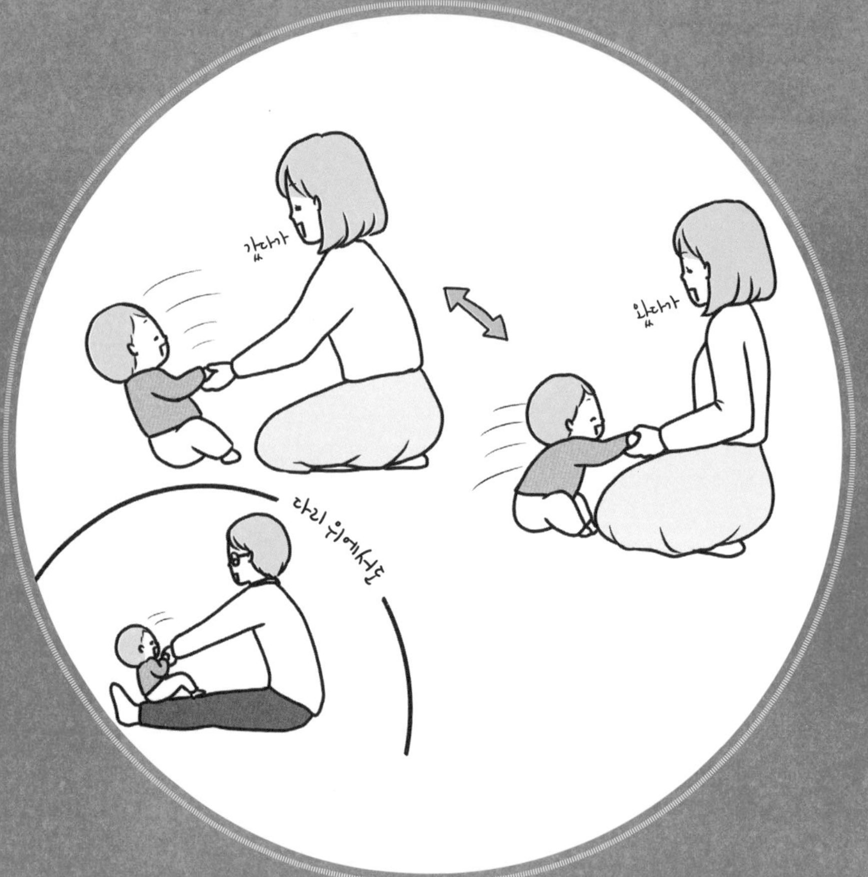

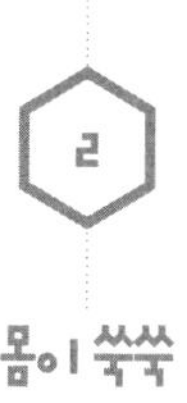

몸이 쑥쑥

왔다가 갔다가

❶ 아이를 바닥에 눕혀 놓고 마주 본 상태로 양손을 잡아줍니다.
❷ "왔다가"라고 말하면서 천천히 윗몸을 일으켜줍니다.
❸ "갔다가"라고 말하면서 다시 천천히 눕혀줍니다.

근력이 향상되면서 제법 몸의 균형이 잡힙니다. 윗몸을 일으켰다가 다시 눕는 동작은 배와 등 근육을 발달시킵니다. 아이를 일으킬 때 갑자기 팔을 세게 당기면 아이 어깨나 무릎이 탈골되거나 목에 무리가 갈 수 있습니다. 천천히 당겨주세요.

스스로 걷는 시기

몸이 쑥쑥

이리 오세요

아이로부터 조금 떨어진 곳에서 "이리 오세요"라고 부르며 걷기를 유도합니다. 아이가 걷기 연습을 할 때는 맨발이 좋습니다. 엉덩방아를 찧어도 바로 손을 내밀지 말고, 아이 스스로 걸을 수 있도록 격려해줍니다.

아이를 말로 북돋아주면 혼자서 걷는 데 동기부여가 됩니다. 아직 걸음걸이가 불안정한 아이는 넘어져도 금방 손을 뻗을 수 있는 거리에서 지켜봐주세요. 카펫에도 발이 걸려 넘어질 수 있으니 걷기 연습은 평평한 바닥에서 합니다.

스스로 걷는 시기

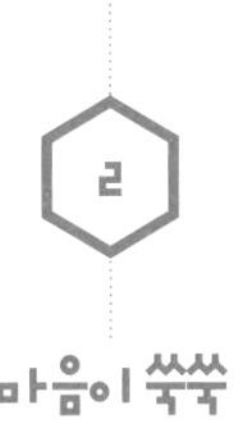

마음이 쑥쑥

낙엽 놀이

❶공원으로 나가 낙엽을 비닐봉지에 넣습니다. 아이가 비닐봉지를 흔들어 바스락거리는 소리를 듣고, 빛에 비춰 알록달록한 색감을 즐기게 합니다.

❷낙엽을 양손에 쥐고 하늘을 향해 흩뿌리기, 낙엽을 밟으며 바스락 소리 듣기 등 다양한 방법으로 자연을 느끼게 합니다.

가을 특유의 공기와 냄새를 느끼게 해주세요. 낙엽 소리, 색깔, 촉감이 아이의 오감을 자극해 감각 발달을 촉진시킵니다.

스스로 걷는 시기

발달 특징
끈을 잡고 구멍에
넣을 수 있다.

입모양이
똑같네

집중!

집중!

후훗

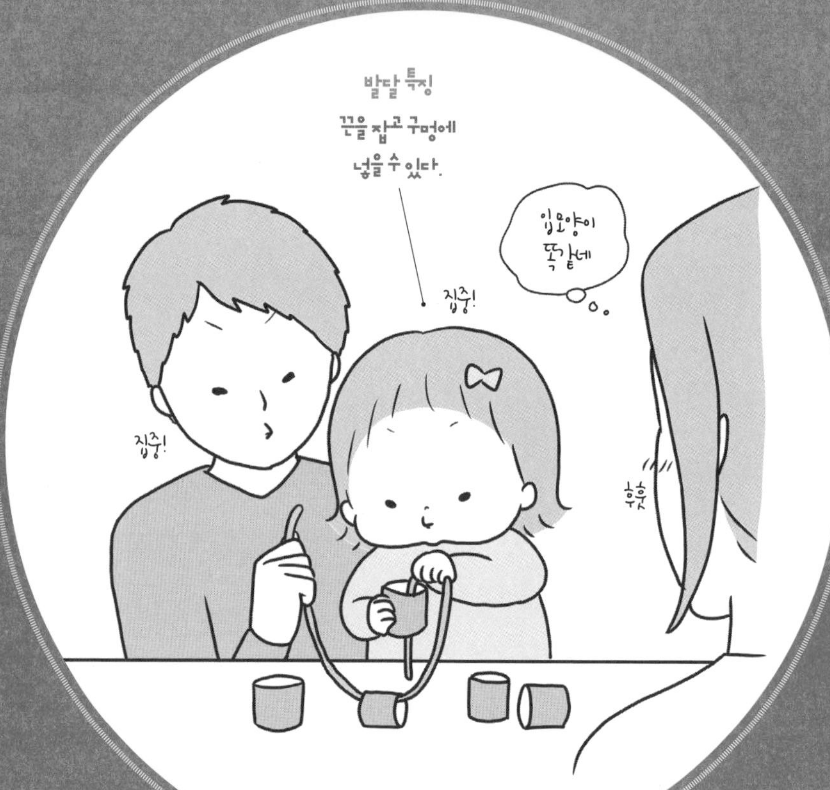

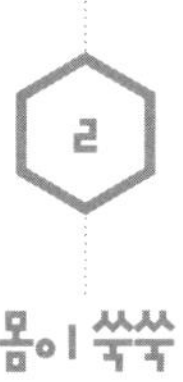

몸이 쑥쑥

쑥쑥 줄을 꿰어요

준비물 두루마리 휴지 또는 비닐 랩 종이 심지, 줄, 셀로판테이프, 가위

❶ 종이 심지를 짧게 자릅니다.
❷ 줄 양 끝을 셀로판테이프로 감아 딱딱하게 고정합니다.
❸ 아이가 종이 심지에 줄을 넣어 꿰도록 유도합니다.

줄 꿰기가 좀 더 익숙해지면 지름이 작은 종이 심지와 가는 끈으로 난이도를 조절해줍니다. 고무호스처럼 지름이 작은 물건은 줄 반대쪽 끝에 매듭을 지어서 줄이 빠지지 않게 합니다.

구멍에 줄 꿰기는 손끝의 섬세한 움직임과 집중력을 필요로 합니다. 아이가 물건을 유심히 관찰하고 줄을 구멍에 넣으면서 손끝 힘을 조절하게 됩니다.

스스로 걷는 시기

발달 특징
물건을 높이
쌓을 수 있다.

잘하네~!

컵도 쌓을 수 있어요

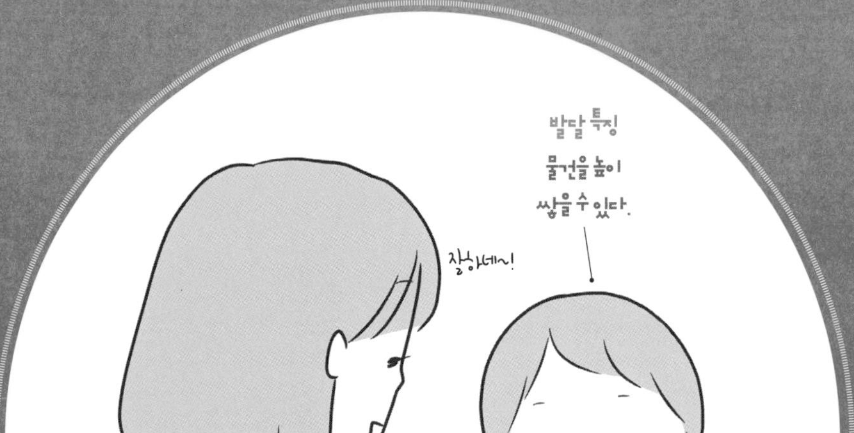

몸이 쑥쑥

높이 높이 쌓아요

준비물 블록

비닥에 블록을 여러 개 놓고, 높이 쌓아 올리는 시범을 보여줍니다. 아이가 엄마(아빠)를 따라서 블록을 쌓아 올리도록 유도합니다.

무너뜨리던 블록을 이제는 직접 쌓을 수 있습니다. 눈과 손 협응 능력이 발달하면서 섬세한 작업을 할 수 있습니다. 처음에는 엄마(아빠)를 따라 하려다가 손 힘을 조절하지 못해 블록을 무너뜨리기도 합니다. 그럴 때는 부모가 블록을 다시 쌓아 올리는 모습을 보여주세요.

2

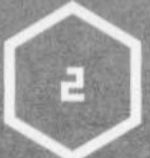

스스로 걷는 시기

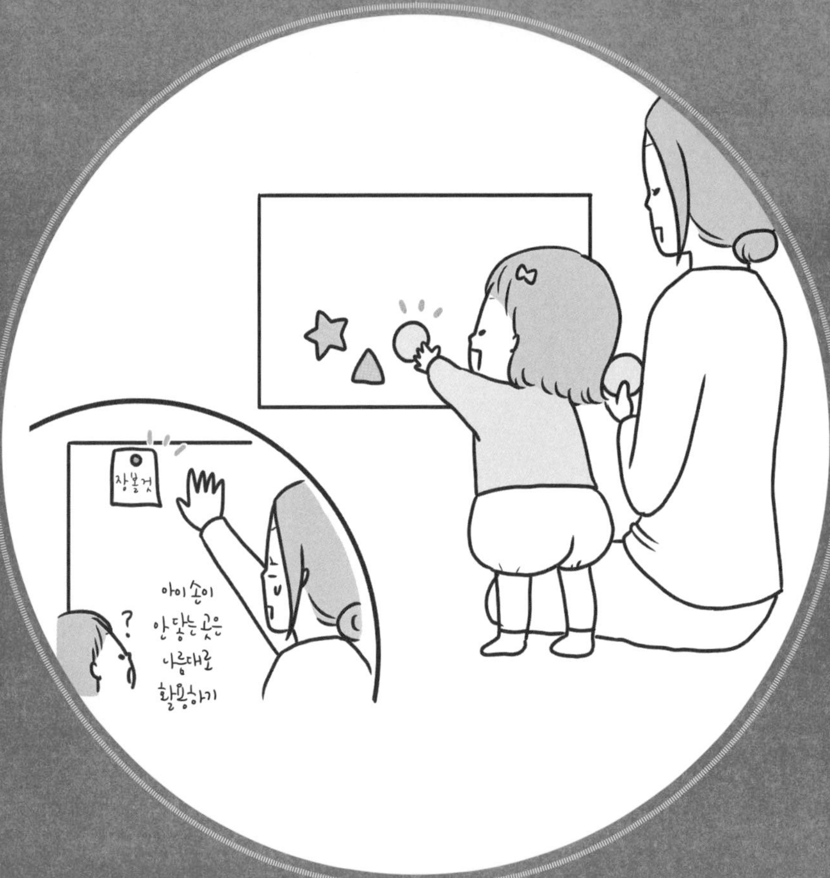
장볼것
?
아이 손이
안 닿는 곳은
나름대로
활용하기

몸이 쑥쑥

자석을 붙여요

준비물 자석 칠판, 모양이 다양한 자석

❶ 아이가 섰을 때 손이 잘 닿는 위치에 자석 칠판을 달아줍니다.

❷ 모양이 다양한 자석을 여러 개 붙여줍니다. 자석을 붙였다 떼었다 하면서 놀이합니다.

붙이는 자석은 아이가 입에 넣고 삼키지 못할 만큼 큰 크기로 준비합니다. 자석 놀이를 한 뒤에는 자석을 아이 손이 닿지 않는 곳으로 치웁니다.

잡기, 떼기, 붙이기 등 섬세한 손 동작을 할 수 있습니다. 어깨부터 팔 근육 발달에 도움이 됩니다.

2

스스로 걷는 시기

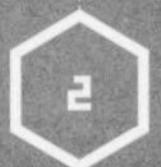

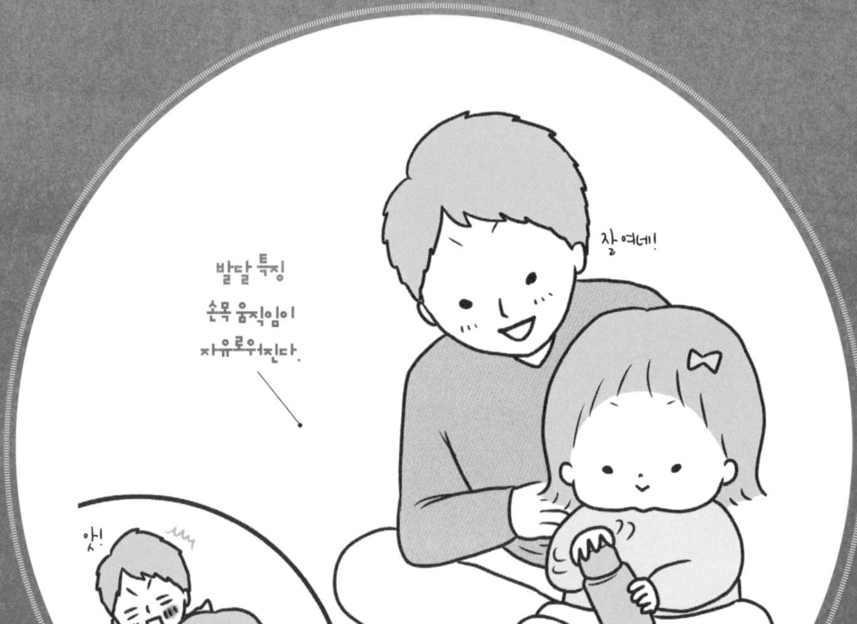
발달 특징
손목 움직임이
자유로워진다.
잘 여네!
앗!
JAM
할짝
BOTTLE
JAM

몸이 쑥쑥

뚜껑을 빙글빙글

준비물 뚜껑 달린 빈 병

❶ 뚜껑이 달린 유리병, 화장품 통 등 빈 병을 여러 개 준비합니다.
❷ 아이가 뚜껑을 열면서 놀도록 아이에게 뚜껑을 여는 모습을 보여줍니다.

손목을 움직이는 새로운 동작을 배웁니다. 놀이를 통해 스스로 하는 즐거움을 느낍니다. 빈 병 안에 장난감을 넣어 두면 뚜껑을 여는 즐거움이 더욱 커집니다. 페트병처럼 아이 입에 들어갈 만큼 뚜껑이 작은 병은 사용하지 마세요.

스스로 걷는 시기

발달 특징

손으로 섬세한 작업을 할 수 있다.

청소가 걱정이네···.

어떻게든 되겠지!

휘익

찍찍

몸이 쑥쑥

신문을 찍찍

준비물 신문지

❶ 신문지를 준비합니다. 부모가 먼저 “마음껏 놀아보자!” 하고 준비한 신문지를 찢으면서 노는 모습을 보여줍니다.
❷ 찢은 신문지를 뭉쳐서 공을 만들며 놀이합니다.

눈과 손 협응 능력이 발달해 손 동작이 능숙해집니다. 찢기, 뭉치기, 흩뿌리기 등 다양한 동작이 아이의 의욕과 주체성을 길러줍니다. 처음에는 신문지를 양쪽으로 팽팽히 잡아당기기만 하고 찢지 못할 수 있습니다. 그럴 때는 잘 찢어지도록 신문지 가운데 미리 홈을 만들어 두거나 아이가 쉽게 따라 하도록 찢는 시범을 보여줍니다.

스스로 걷는 시기

발달 특징

팔 힘을 조절한다.

쿡쿡

빙글빙글

와-!

큰 종이를 바닥에 넓게 깔아줘도 좋아요!

마음이 쑥쑥

크레파스로 그려요

준비물 종이, 크레파스

널따란 종이와 끝이 뭉툭한 크레파스를 준비합니다. 책상 앞에 앉아서 아이와 함께 그림을 그립니다. 처음에는 아이에게 크레파스 쥐는 법을 알려주어야 합니다.

크레파스를 쥐고 종이에 그림을 그립니다. 그림이 아니어도 괜찮습니다. 아이가 자유롭게 손을 움직이는 것이 무엇보다 중요합니다. 색깔을 구별하기에는 아직 이를 수 있습니다. 아이가 만족스러워 하면 한 가지 색만 사용해도 괜찮습니다. 미술 놀이하기 편한 옷을 입혀주고, 크레파스가 이곳저곳 묻지 않도록 놀이하기 전 주변을 정리해주세요.

스스로 걷는 시기

마음이 쑥쑥

표정이 다양해요

준비물 펠트지, 가위, 펜, 실, 바늘, 접착제

놀이 방법

1

펠트지를 사각형과 원형으로 자른 다음 원형 펠트지에 다양한 표정을 만듭니다. 펜으로 그리거나 펠트지 조각을 붙여 만듭니다.

2

원형 펠트지를 사각형 펠트지 위에 접착제로 붙입니다. 여러 개를 만든 다음 지그재그로 꿰매 접이식 그림책을 만듭니다.

손수 만든 펠트지 그림책을 보며 다양한 표정을 배웁니다. 아이와 함께 페이지를 넘기면서 표정을 이야기하고, 아이에게 같은 표정을 지어 보여줍니다.

놀이 효과

아이의 기억력이 향상되는 시기입니다. 경험한 일을 며칠이 지난 후에 기억해냅니다. 그림책을 보면서 "이 친구는 어떤 기분일까?", "동그란 친구가 울고 있네? 같이 토닥토닥해줄까?"라고 아이에게 이야기해주세요. 표정을 보고 감정을 이해할 수 있습니다.

ㄹ

스스로 걷는 시기

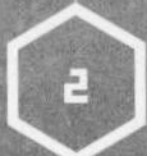

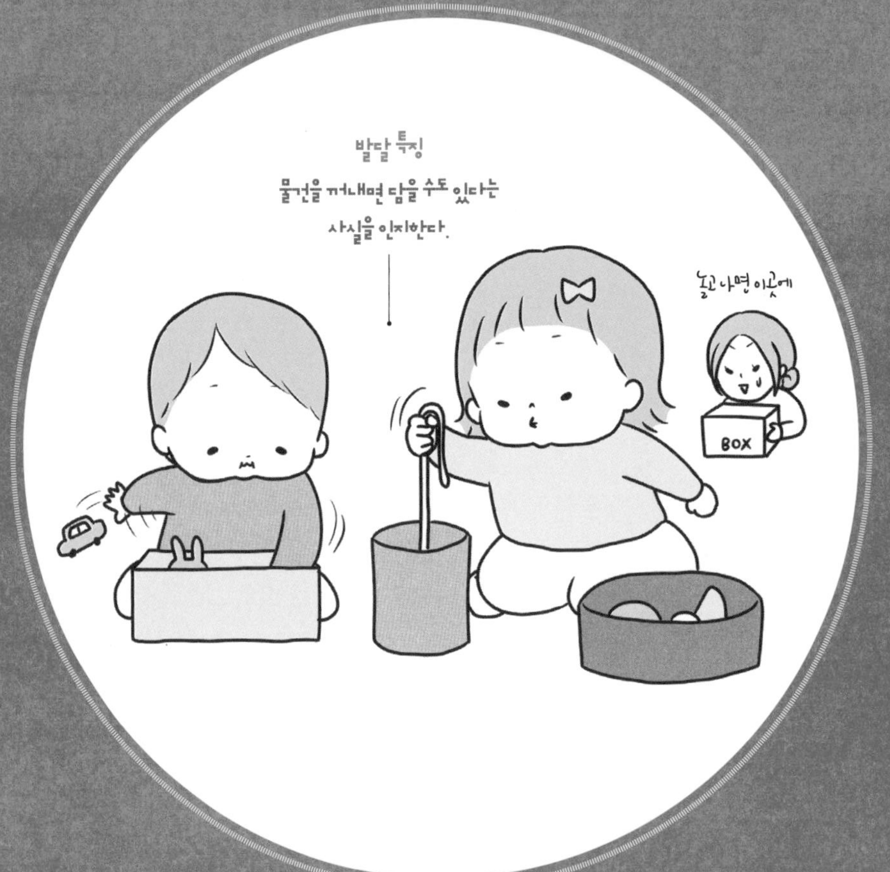
발달 특징
물건을 꺼내면 담을 수도 있다는
사실을 인지한다.
놀고 나면 이곳에
BOX

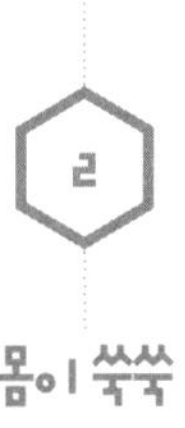

몸이 쑥쑥

꺼내고 담고

준비물 모양이 다양한 상자, 물건

아이는 물건을 담을 수 있는 상자나 통을 무척 좋아합니다. 사각형, 원형 등 모양이 다양한 상자를 꺼내 놓으면 아이가 스스로 물건을 꺼냈다가 담으며 놀이합니다.

지금까지는 물건을 꺼내기만 했지만 이제는 꺼낸 물건을 담을 수 있다는 사실을 인지합니다. 물건을 제자리에 정리하는 규칙을 알려줄 기회입니다. "같이 정리해볼까" 하고 아이가 정리 습관을 갖도록 도와주세요.

스스로 걷는 시기

수화기 위치가
제멋대로

여보세요~

아아~

발달 특징
어른 행동을 따라 한다.

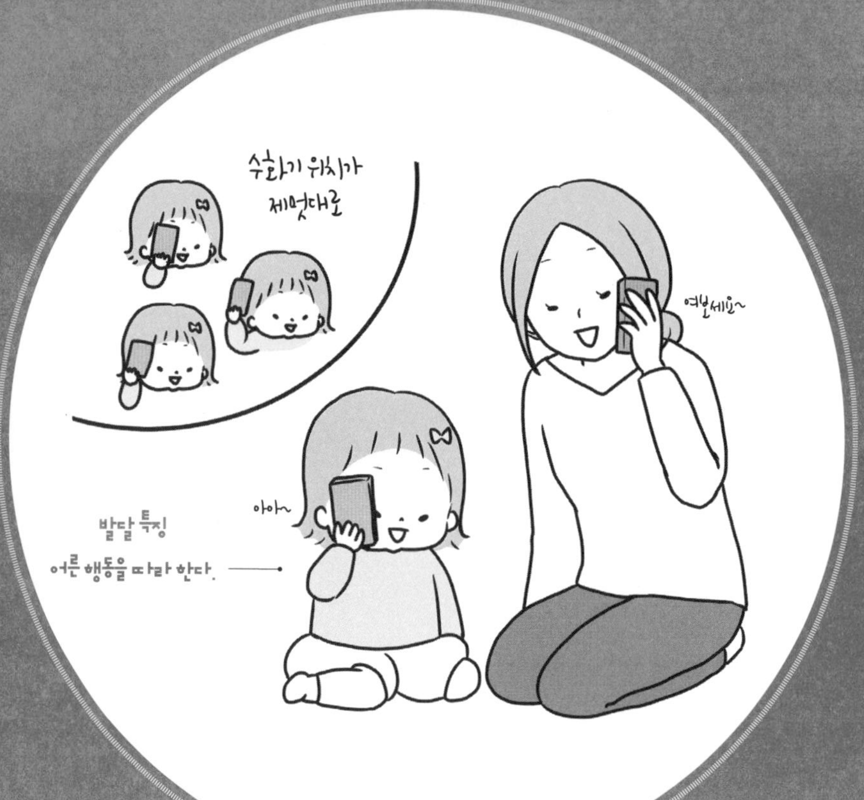

마음이 쑥쑥

여보세요

준비물 장난감 전화기 또는 직사각형 물건

장난감 전화나 직사각형 물건을 손에 쥐고, "여보세요"라고 말하며 전화 놀이를 합니다.

전화 놀이는 예나 지금이나 놀이의 정석입니다. 도구를 활용한 흉내 놀이가 아이의 상상력을 길러줍니다. 아이는 어른을 흉내 내고 다양한 역할을 하며 많은 것을 경험하고 배웁니다.

스스로 걷는 시기

몸이 쑥쑥

상자 모자

준비물 상자

상자를 모자처럼 머리에 뒤집어쓰는 놀이입니다. 흐물거리는 봉지나 얼굴 전체를 덮는 상자는 위험합니다. 머리에 쓸 상자는 재질과 크기를 신중하게 골라야 합니다.

양팔을 어깨 위로 뻗을 수 있습니다. 아이가 스스로 상자 모자를 쓰도록 격려해주세요. 상자를 뒤집어서 머리로 쓰는 행동을 통해 거리감과 방향 감각을 익히게 됩니다.

스스로 걷는 시기

몸이 쑥쑥

발등을 타고 하나, 둘

놀이 방법

❶ 아이와 마주 보고 서 양손을 맞잡습니다.
❷ 아빠(엄마) 발등에 아이의 양발을 올립니다.
❸ 한 발, 두 발 박자에 맞춰 앞뒤로 움직입니다.
❹ 방향을 바꿔 걷거나 나란히 손을 잡고 걷습니다.

걷기 연습을 하는 놀이입니다. 익숙해지면 오른발, 왼발로 몸의 중심을 옮겨 가며 걸을 수 있습니다.

스스로 걷는 시기

마법 손가방

준비물 작은 손가방

손에 들기 좋은 작은 가방을 하나 준비합니다. 아이가 들고 다닐 수 있는 가방을 마련해주면 스스로 장난감을 넣고 꺼내며 놀이합니다.

걸음걸이가 안정되면 걸으면서 하는 놀이가 늘어납니다. 물건 크기와 양을 고민해 가방에 물건을 담고, 팔에 가방을 건 상태로 균형을 유지하면서 걸을 수 있습니다. 비닐 소재나 머리를 푹 덮을 만큼 깊이가 깊은 가방은 잘못하면 질식할 위험이 있으니 사용하지 않습니다.

스스로 걷는 시기

발달 특징

어른 행동을 잘 따라 한다.

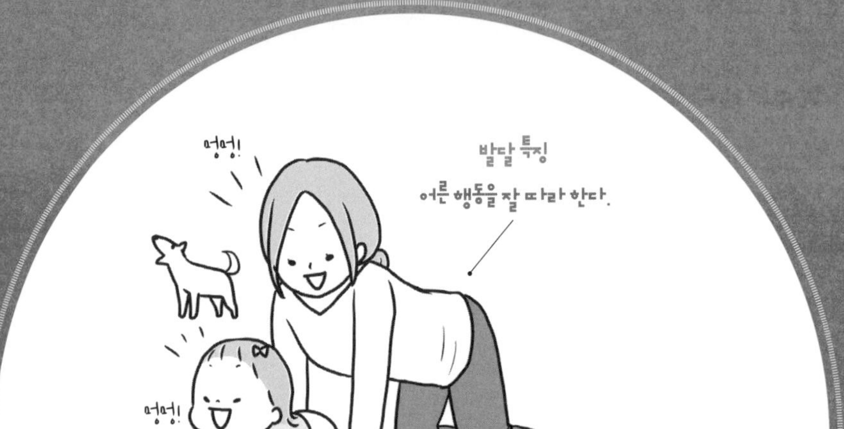

몸이 쑥쑥, 마음이 쑥쑥

동물 흉내 내기

❶ 동물 울음소리를 흉내 내고 동물 이름을 말해줍니다.

❷ 손짓과 발짓을 곁들여 동물 움직임을 표현합니다. "뱀은 꿈틀꿈틀 몸을 꼬아요"라고 특징을 설명하면서 놀이합니다.

부모의 움직임과 표현을 유심히 관찰해 흉내 냅니다. 발음하기 쉬운 단어를 사용하면 아이가 쉽게 따라 할 수 있습니다. 풍부한 말 자극이 아이의 언어표현력 향상에 도움이 됩니다.

2

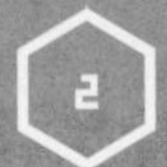

스스로 걷는 시기

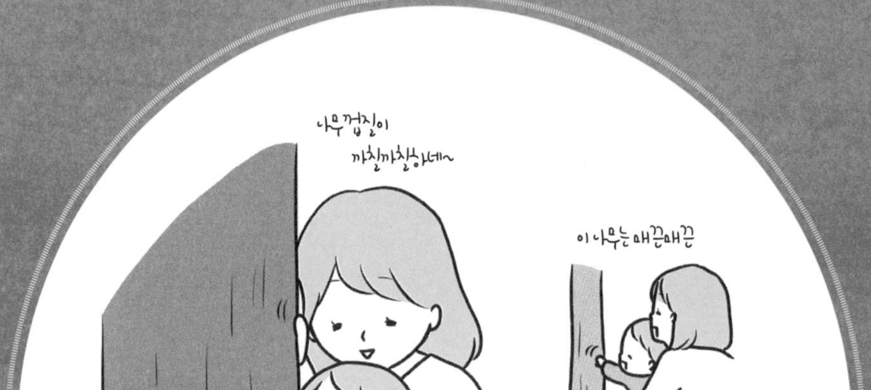
나무껍질이
까칠까칠하네~
이 나무는 매끈매끈
앗

몸이 쑥쑥

나무를 쓰담쓰담

❶ 밖으로 나가서 나무를 직접 만져보게 합니다.
❷ 쓰다듬기, 가볍게 두드리기 등 다양한 방법으로 나무를 만지게 합니다.

나무껍질이 튀어나와 있을 수도 있습니다. 날카로운 부분은 없는지 부모가 먼저 확인하고 아이가 만지게 합니다.

나무들을 직접 만져 보고 차이를 분별할 수 있습니다. 나무의 두께, 온기, 껍질의 질감을 아이에게 말로 표현해줍니다.

스스로 걷는 시기

마음이 쑥쑥

물을 부어요

준비물 우유팩, 가위, 스테이플러, 셀로판테이프

1

우유팩 윗부분을 뜯어 물통과 손잡이가 될 부분을 남기고 자릅니다.

2

손잡이가 맞물리는 부분을 스테이플러로 고정한 다음 셀로판테이프로 안전하게 감쌉니다.

우유팩 물통에 물을 넣고 부으며 놀이합니다. 손잡이를 두 겹으로 겹쳐 만들면 아이가 들기 편합니다.

우유팩으로 물통을 만들어서 물놀이를 합니다. 우유팩은 가볍고 쉽게 찢어지지 않아서 야외 활동에 제격입니다. 아이들이 좋아하는 담기 놀이를 통해 다양한 동작을 익히게 해주세요. 조금 무거운 물건을 들고도 균형을 잡으며 걸을 수 있습니다.

스스로 걷는 시기

심부름 습관 들이기

모자를 가져다주세요~

아!

슥

기차를 가져다주세요~

발달 특징

손가락으로 가리키는 방향을 쳐다본다.

가져다주어요

아이가 가장 좋아하는 장난감을 멀리 놓아두고 엄마(아빠)가 "○○ 주세요"라고 말하면서 손가락으로 가리킵니다. 부탁한 물건을 아이가 가지고 오면 아낌없이 칭찬해줍니다.

13개월 전후에는 손가락으로 가리키면 손가락에만 시선을 집중했지만 점점 손가락으로 가리키는 곳을 쳐다봅니다. 엄마(아빠)가 하는 말을 이해하고 행동으로 옮길 수 있습니다.

스스로 걷는 시기

마음이 쑥쑥

도토리가 달그락달그락

준비물 비닐봉지, 페트병, 둥글고 단단한 물건

❶ 팥알, 도토리 등 둥글고 단단한 물건을 바닥에 놓아둡니다.
❷ 아이와 함께 손으로 주워 비닐봉지에 담습니다.
❸ 빈 페트병에 넣고 뚜껑을 단단하게 고정해 아이가 마음껏 흔들 수 있게 합니다.

사물의 감촉과 소리가 오감을 자극해 감각 발달을 촉진시킵니다. 엄마, 아빠와 함께 마라카스 장난감을 만들며 즐거운 추억을 쌓을 수 있습니다.

스스로 걷는 시기

몸이 쑥쑥

굴리고 던지고

준비물 유아용 공

아이가 가지고 놀기 좋은 유아용 공을 준비합니다. 아이와 마주 보고 공을 굴리고 던지면서 놀이합니다. "여기로 던져볼까?" 하고 목표를 정해 던지기 놀이를 해도 좋습니다.

물건을 잡고 일어설 때는 공을 잡지 못했지만 이제는 서서 공을 잡은 다음 양손으로 던질 수 있습니다. 아직 목표를 향해서 똑바로 던지기는 어려울 수 있습니다. 잘하지 못해도 괜찮다고 말해주세요. 표면이 미끄럽거나 잘 튀는 공은 아직 아이가 다루기 힘듭니다.

스스로 걷는 시기

발달 특징
잡고 당길 수 있다.

몸이 쑥쑥

집게를 빼요

준비물 집게, 천 또는 종이

❶ 아이 옷 앞쪽에 집게를 집어 놓고 아이가 스스로 빼도록 유도합니다.

❷ 둥글게 자른 천이나 종이에 집게를 집어 놓고 아이가 스스로 빼도록 유도합니다.

집게로 옷을 집을 때는 아이가 빼기 쉽도록 살짝만 집어줍니다. 아이 손가락이 집게에 끼지 않도록 잘 살펴봅니다.

아이가 직접 집게를 떼어내는 놀이입니다. 손가락에 힘을 주고 잡기, 당기기 동작을 동시에 할 수 있습니다.

스스로 걷는 시기

발달 특징

물건을 옆으로 나란히 세울 수 있다.

시작~

와!

도미노 놀이도 할 수 있어요♪

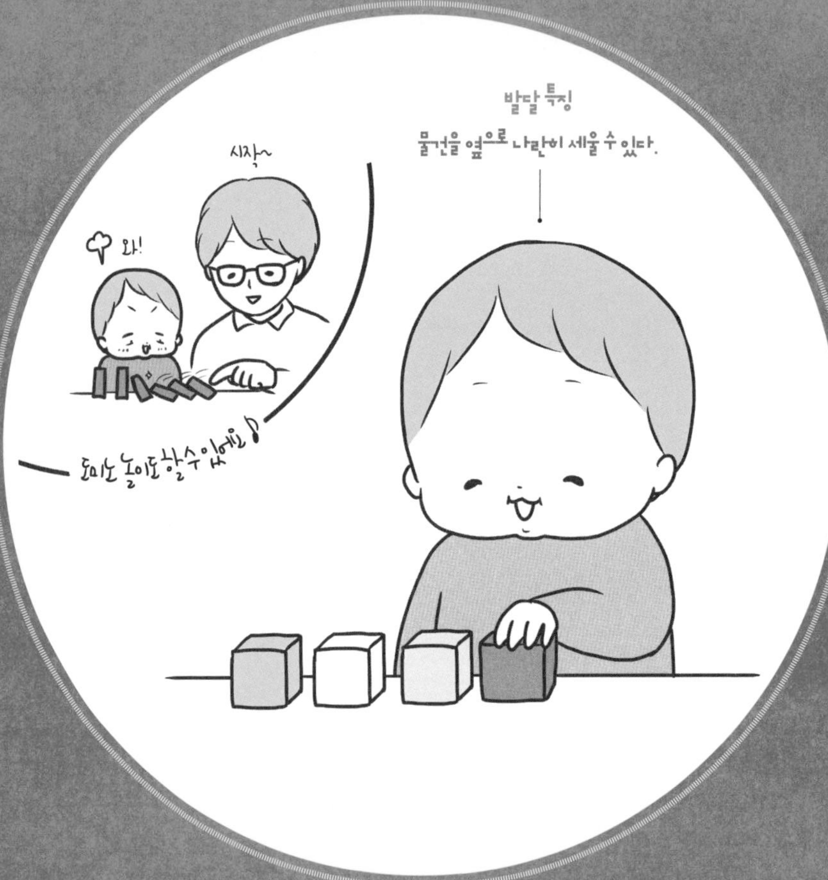

마음이 쑥쑥

나란히 나란히

준비물 블록

❶ 블록을 나란히 줄을 세웁니다.

❷ 폭이 좁은 블록을 가지런히 세워서 도미노 놀이를 합니다. 블록 대신 페트병이나 모양이 길쭉한 장난감을 가지고 놀이해도 좋습니다.

블록을 위로 쌓는 놀이가 익숙해지면 옆으로 나란히 세우는 놀이를 합니다. 집중력과 사고력이 쑥쑥 자라납니다. 상상력을 총동원해서 아이가 블록 놀이를 즐기도록 도와줍니다.

스스로 걷는 시기

모양을 맞춰요

준비물 펠트지 2장, 가위, 접착제

1

펠트지 2장을 서로 다른 색으로 준비합니다. 한 장에 동그라미, 세모, 차, 하트, 곰 등 다양한 모양을 그리고 오립니다.

2

오리고 남은 펠트지를 다른 펠트지 위에 겹친 다음 접착제로 붙여 틀을 만듭니다.

오려낸 모양을 틀에 끼우며 놀이합니다. 동그라미, 세모, 하트 같은 단순한 모양부터 끼웁니다.

놀이 효과

물건을 가지런히 세우게 되면 퍼즐도 맞출 수 있습니다. 모양의 차이를 인지하고, 틀에 정확히 맞추면서 성취감을 느낍니다. 펠트지 색상을 서로 다르게 하면 아이가 모양을 맞추기 쉽습니다. 시중에 판매하는 도형 끼우기 장난감으로 놀이해도 좋습니다.

스스로 걷는 시기

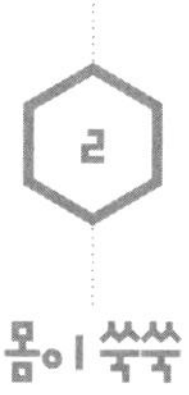

몸이 쑥쑥

스티커를 붙여요

준비물 스티커, 종이

스티커를 떼어서 종이에 붙이는 놀이입니다. 스티커 크기는 큰 크기부터 시작해 조금씩 줄여 나갑니다. 스티커 모서리를 미리 접어 두면 아이가 스티커를 떼기 수월합니다. 여러 번 붙였다가 뗄 수 있는 스티커를 사용해도 좋습니다.

종잇장을 넘기고 스티커를 떼어내 붙이는 행동이 아이 소근육 발달을 촉진시킵니다. 스티커를 마음껏 붙이다 보면 상상력과 집중력이 쑥쑥 자라납니다.

스스로 걷는 시기

발달 특징

균형을 잡고 걷는다.

몸이 쑥쑥

울퉁불퉁 다리를 건너요

준비물 이불

1 이불을 돌돌 만 다음 간격을 벌려 나란히 놓습니다.
2 그 위로 이불을 덮어 다리를 만듭니다.
3 아이가 균형을 잡고 걷도록 도와줍니다.

걸을 수 있지만, 아직 균형을 잡으며 걷기는 힘듭니다. 다리 건너기는 안정된 자세로 걷는 데 도움이 되는 놀이입니다. 바닥 높낮이를 다양하게 하고 마지막에 푹신한 쿠션을 놓아서 점프하는 재미를 더해주세요. 아이가 좋아할 만한 코스를 만들어도 좋습니다.

스스로 걷는 시기

마음이 쑥쑥

집안일을 도와요

부모가 일상에서 하는 일들을 아이와 함께 하는 놀이 소재로 활용합니다. 청소하기, 빨래 개기, 어질러진 물건 정리하기 등 무엇이든 좋습니다.

도구를 사용하는 행동을 유난히 따라 하는 시기입니다. 집안일 돕기는 아이에게 장난감 놀이와는 또 다른 만족감을 주고 의욕을 길러줍니다. 부모가 하면 뚝딱 끝낼 수 있는 일이지만 아이가 생활습관을 익히는 놀이인 만큼 빠른 속도를 강요하지는 마세요. 아이가 무언가를 하고 싶어 하면 제지하지 말고 되도록 직접 하게 도와줍니다.

스스로 걷는 시기

기차 대신 꽃, 물고기, 오리, 리본 등
아이가 좋아하는 모양을 만들어도 좋아요.

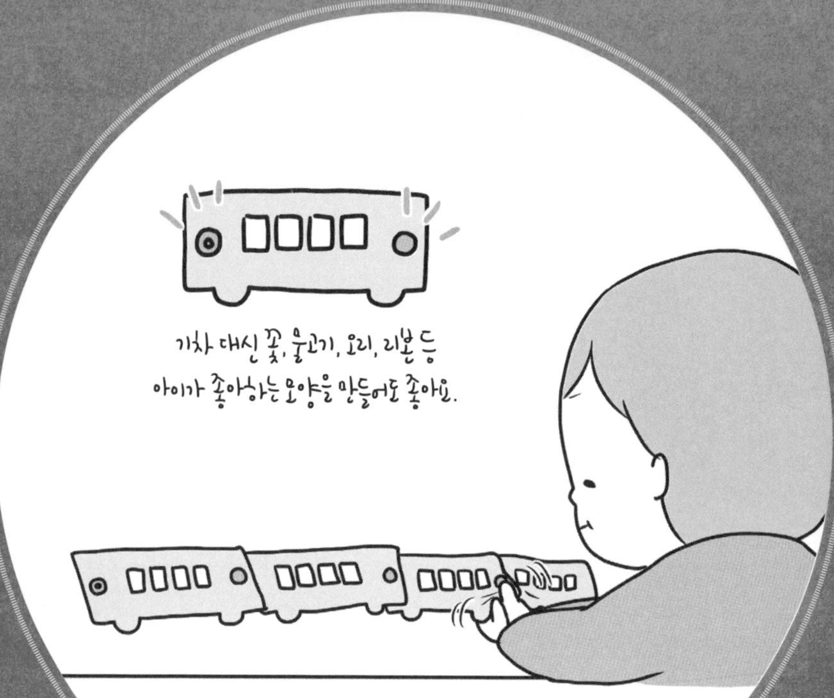

몸이 쑥쑥

똑딱단추 기차

준비물 펠트지, 가위, 똑딱단추

❶ 펠트지로 기차를 만듭니다. 창문은 가위로 오려 구멍을 내거나 따로 만들어 접착제로 붙입니다.
❷ 각 차량 양 끝에 똑딱단추를 단 다음 서로 연결합니다.

똑딱단추로 연결하는 기차를 만들어주세요. 아이가 기차를 자유롭게 연결하면서 양 손가락으로 단추를 잡고 잠그는 법을 배울 수 있습니다.

스스로 걷는 시기

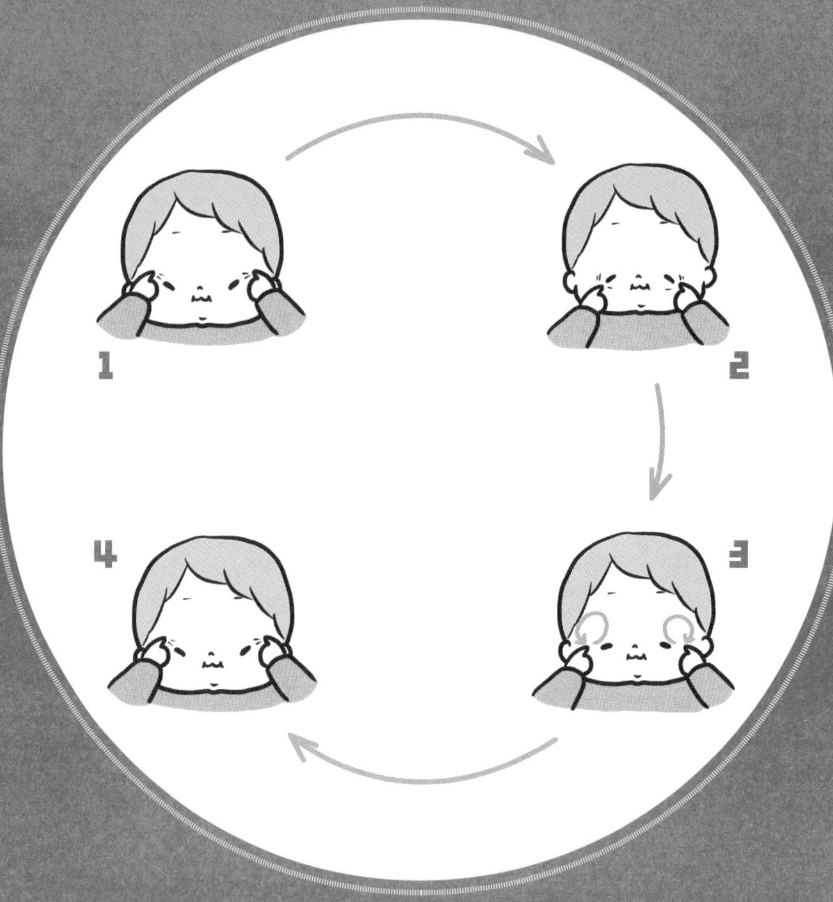

올라간 눈, 내려간 눈

놀이 방법

❶ 양손 검지손가락으로 눈꼬리를 위로 올립니다.
❷ 올린 눈꼬리를 아래로 내립니다.
❸ 이어서 손가락을 안쪽에서 바깥쪽으로 돌립니다.
❹ 한 바퀴 반을 돌고 다시 눈꼬리를 위로 올립니다.

아이와 마주 보고 "올라간 눈", "내려간 눈" 하고 말하면서 다양한 표정을 짓습니다. 부모의 말과 행동을 따라 눈꼬리를 움직입니다.

놀이 효과

짧은 노래를 부르면서 간단한 손동작을 할 수 있는 시기입니다. 표정을 다양하게 바꾸면서 재미와 상상력이 쑥쑥 자라납니다.

스스로 걷는 시기

마음이 쑥쑥

나는 누구일까?

준비물　그림책

놀이 방법

그림책을 보면서 “나는 누구일까”, “어디에 있을까?” 아이와 대화를 나눕니다. “고양이는 어떻게 울어요?”, “어떻게 걸어요?”라고 다양한 질문으로 아이와 교감합니다. 아이가 질문에 대답하지 못하면 힌트를 주거나 답을 알려줍니다.

일상에서 경험한 일을 기억했다가 떠올릴 수 있는 시기입니다. 질문이 아이의 기억력을 향상시킵니다. 직접 그림을 그리면서 질문해도 좋습니다. 아는 것을 발견하면 손가락으로 가리키거나 말로 알고 있다는 사실을 표현하려고 합니다.

스스로 걷는 시기

마음이 쑥쑥

손수건 바나나

준비물 손수건

놀이 방법

1. 손수건 네 모서리를 한 가운데로 접어줍니다.
2. 접은 네 모서리를 잡고 들어 올린 다음, 다른 쪽 손으로 아랫부분을 잡아줍니다.
3. 들어 올린 부분이 바나나 껍질입니다. 한 장씩 바깥쪽으로 펼칩니다.

손수건으로 바나나를 만들어서 "냠냠, 맛있다" 먹는 흉내를 내며 놀이합니다.

놀이 효과

물건을 무언가에 비유하며 노는 '상황극 놀이'가 늘어나는 시기입니다. 손수건으로 바나나를 만들어 아이의 상상력을 자극해주세요. 손수건만 있으면 손쉽게 만들 수 있습니다. 타월처럼 두꺼운 천보다 얇은 손수건이 좋습니다.

스스로 걷는 시기

뜰 수 있을까?

준비물 작은 공, 플라스틱 그릇, 숟가락 또는 미니 국자

❶ 플라스틱 그릇에 작은 공을 넣어줍니다.
❷ 숟가락이나 미니 국자로 떠서 냠냠 먹는 시늉을 합니다.
❸ 아이가 공을 떠서 다른 그릇으로 옮기도록 유도합니다.

소꿉놀이를 하는 시기입니다. 소꿉놀이가 식사 방법에 관한 관심으로 이어지게 해주세요. 공을 숟가락을 쥐고서 뜨고, 손목을 돌려서 그릇에 넣는 동작을 할 수 있게 됩니다.

스스로 걷는 시기

몸이 쑥쑥, 마음이 쑥쑥

팔다리에 끼워요

준비물 고무 끈

놀이 방법

헤어밴드, 머리끈, 복대, 무릎 보호대처럼 고무 재질로 된 끈을 준비합니다. 아이가 팔과 다리에 끼우며 놀도록 유도합니다.

옷 입기, 양말 신기 연습입니다. 아직 스스로 옷을 갈아입지는 못하지만 놀이를 통해 옷을 입고 벗는 원리를 터득합니다. 다리에 끈을 통과시키는 동작은 양말 신기, 머리에 뒤집어쓰는 동작은 상의 입기입니다. 놀이가 끝나면 끈은 아이 손에 닿지 않는 곳으로 치워주세요.

스스로 걷는 시기

마음이 쑥쑥

타월이 보글보글

준비물 타월

❶타월에 공기가 볼록하게 들어가도록 둥글게 모양을 잡아줍니다. 그대로 타월을 따뜻한 욕조 물에 담그면 거품이 뽀글뽀글 올라옵니다.

❷아이가 직접 거품을 만들게 합니다. 거품이 잘 생기지 않으면 공기가 새어 나가지 않도록 타월 아랫부분을 잡아줍니다. 타월 두께가 얇을수록 거품이 잘 생깁니다.

몸과 마음이 편안해지는 목욕 시간에 아이와 상호 작용하는 놀이를 해주세요. 뽀글뽀글 올라오는 거품에서 아이가 눈을 떼지 못합니다.

스스로 걷는 시기

이 노래
진짜 좋았는데…!

엄마가 좋아하는
노래

점프!

점!
점!

발달 특징

무릎을 굽혔다가 펼 수 있다.

몸이 쑥쑥

다 같이 점프해요

❶ 앉았다가 일어서면서 뛰어오릅니다.
❷ 움직임에 맞춰 "점프"라고 말합니다.
❸ 음악을 틀어 놓고 박자에 맞춰 뛰어도 좋습니다.

아이는 감정이 격앙되면 점프하다가 몸의 균형을 잡지 못하기도 합니다. 아이가 넘어지려고 하면 곧바로 잡아줄 수 있도록 아이 곁에 있어 줍니다.

균형 감각이 발달해 쪼그려 앉았다 점프하며 일어설 수 있습니다. "점프"라는 말에 맞춰 무릎을 움직입니다. 바닥에서 높이 뛰어오르지 못해도 무릎을 굽히는 동작만으로 충분합니다.

스스로 걷는 시기

멋쟁이네~ ♡

멋진 옷을 만들어줘야지!

버전 업!

엄마가 푹 빠짐

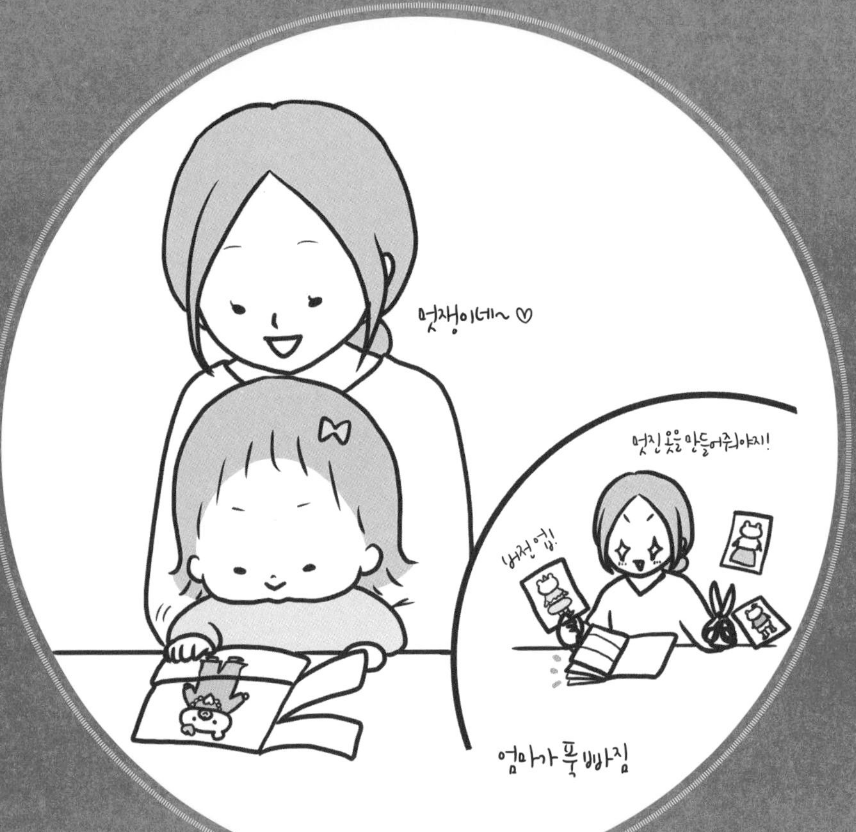

옷을 갈아입혀요

준비물 종이 2장, 펜, 가위, 접착제

1

종이에 서로 다른 옷을 입은 동물 그림을 그립니다. 그림 1장은 머리, 상체, 하체 세 부분으로 나누어 자릅니다.

2

자른 그림을 자르지 않은 그림 위에 겹쳐서 붙입니다. 끝을 맞춰서 붙여줍니다.

한 장, 두 장 종이를 넘기면 모습이 바뀌는 '옷 입히기 그림책'입니다. 다양한 모습을 연출할 수 있습니다.

놀이 효과

인형 옷 입히기 놀이 첫 단계로, 상상력을 기르는 데 도움이 됩니다. 아이가 직접 종이를 넘기면서 그림의 차이를 관찰합니다. 아이가 흥미를 보일 만한 그림을 그려주세요. 여러 권을 만들어서 아이와 외출할 때 손에 들려줍니다.

스스로 걷는 시기

몸이 쑥쑥

사각사각 모래 놀이

준비물 모래, 모래놀이 도구

양동이, 삽 등 도구를 이용해 모래 놀이를 합니다. 산을 높이 쌓아도 좋고, 플라스틱 그릇에 모래를 담아 다양한 모양을 만들어도 좋습니다.

모래를 쌓고 옮겨 담는 놀이는 표현력 발달에 도움이 됩니다. 안정된 자세로 걷게 되면 훨씬 자유롭게 움직이면서 도구를 사용해 놀 수 있습니다. 도구 사용이 익숙하지 않으면 모래를 퍼 올릴 때 얼굴에 튈 수 있습니다. 아이가 흙이 잔뜩 묻은 손으로 눈이나 입을 문지르지 않도록 조심합니다.

스스로 걷는 시기

내려갈 때는 슝!!

비닐포대

영차~ 영차~

발달 특징

무게 중심을 앞에 두고 언덕을 오른다.

몸이 쑥쑥

오르막길을 걸어요

오르막길이나 언덕을 오르는 놀이입니다. 조금 걱정되더라도 아이를 뒤에서 받쳐주는 대신 아이 손을 잡고 앞에서 이끌어줍니다. 아이 손은 손가락을 살짝 쥐는 느낌으로 살짝 잡아줍니다.

발끝에 힘을 주고 무게 중심을 앞쪽에 두면 오르막길을 오르기 쉽다는 사실을 인지합니다. 오르막길 각도에 맞춰서 몸의 균형을 잡을 수 있습니다. 아이가 자연스럽게 오르막길 걷는 방법을 터득할 때까지는 아이의 속도에 맞춰서 걷습니다.

스스로 걷는 시기

다음날
너무 했나…
찌릿찌릿
찌릿찌릿
하나! 둘!

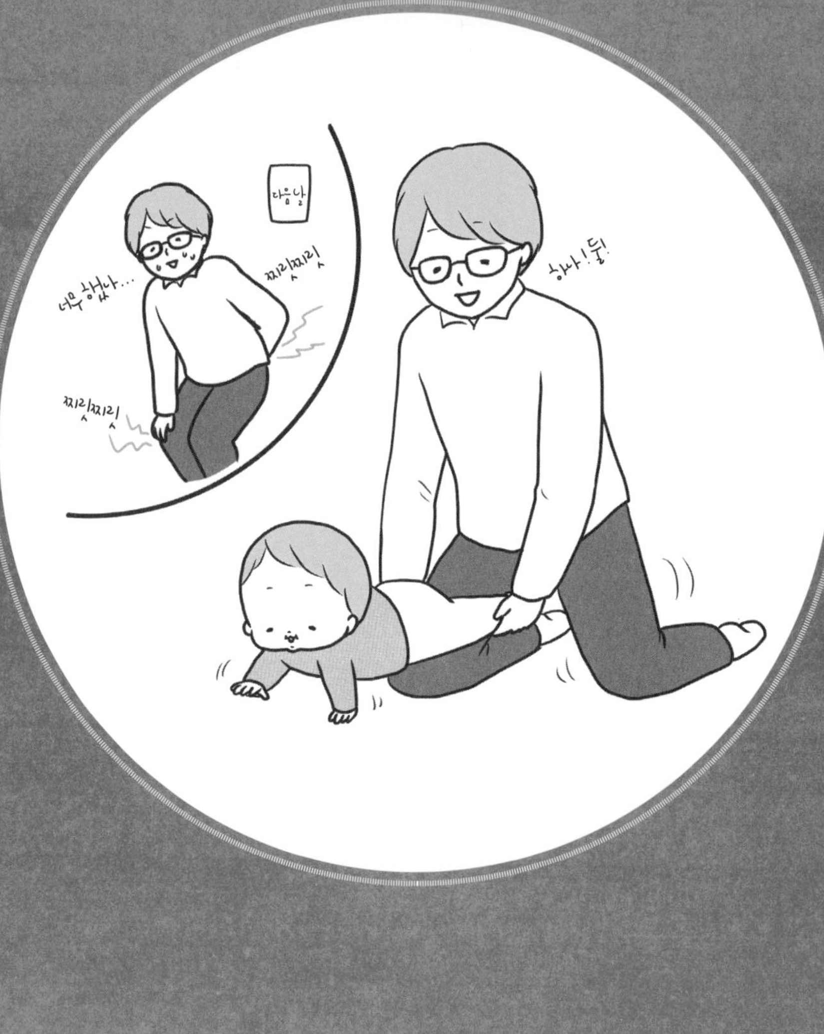

손수레 놀이

❶ 엎드린 아이의 양다리를 붙잡고 수평으로 들어 올립니다.
❷ 아이가 양팔을 움직여 앞으로 갈 수 있도록 유도합니다.

2세 중에서도 월령이 높은 아이에게 적합한 놀이입니다. 팔과 배 근육을 단련시키고 상체를 튼튼하게 해줍니다. 손을 어떻게 움직이면 좋을지 아이가 미처 깨닫기 전에 뒤에서 밀면 얼굴을 바닥에 부딪칠 수도 있습니다. 아이가 어려워할 때는 조금 더 자랄 때까지 기다려주세요.

스스로 걷는 시기

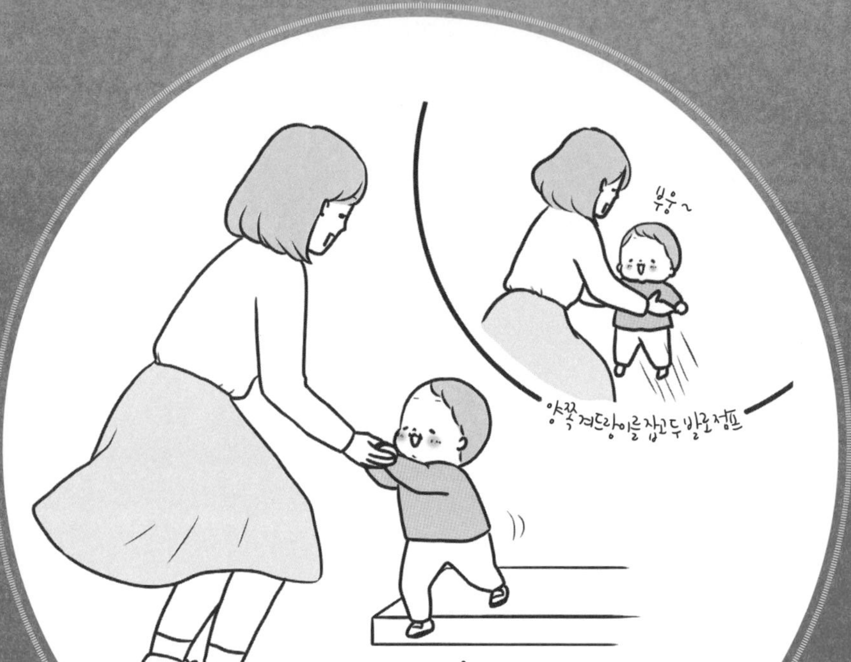

발달 특징
안정된 자세로
계단을 내려온다.

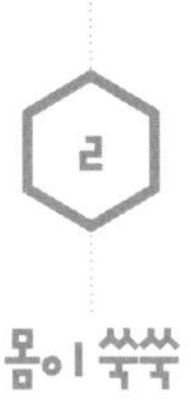

아래로 껑충

10cm 높이에서 아래로 점프! 높이가 낮은 계단에서 가볍게 점프합니다. 두 발 뛰기, 한 발 뛰기 모두 괜찮습니다. 아이가 무서워서 머뭇거리면 양손을 잡아줍니다.

균형 감각과 뛰고자 하는 의욕을 길러주세요. 무조건 뛰라고 재촉하지 말고 아이 기분에 맞춰서 놀이합니다. 아이가 놀이에 흥미를 보이면 양쪽 겨드랑이를 잡고 아이를 살짝 들어 올려서 점프하는 재미를 느끼게 해줍니다.

이런 놀이도 있어요

생후 12~24개월

외출해요

외출하려고 신발을 신기면 싫어하고 무서워하는 아이가 있습니다. 신발 신기에 익숙해지도록 집 안에서 미리 외출 연습을 시켜주세요. 아직 밖에서 신지 않은 새 신발 또는 신문지나 펠트지로 만든 신발을 신기고 모자나 가방도 챙겨서 집 안에서 외출 놀이를 합니다.

나만의 비밀 기지

종이 상자로 집을 만들어주거나 의자 위에 타월이나 담요를 덮어서 작은 비밀기지를 만들어주세요. 아이가 혼자 머무를 수 있는 공간을 만들어주면 기뻐합니다. 창문이나 문이 있으면 즐거움이 두 배가 됩니다. 단, 위험한 행동을 하지 않도록 반드시 옆에서 지켜봐주세요.

기저귀야, 안녕!

기저귀 세트(기저귀, 물티슈 등)를 가지고 오거나, 다 쓴 기저귀를 휴지통에 버리는 심부름 놀이입니다. 심부름을 부탁할 때는 "기저귀 다 갈았어요! 이 보물을 상자에 넣어주세요"라고 상상력을 자극하며 재미있게 상호 작용합니다.

통통, 씨름 놀이

도화지를 반으로 접고, 접힌 부분에 씨름 선수 등이 오도록 선수 옆모습을 그립니다. 그림을 가위로 자르면 세울 수 있는 씨름 선수 완성! 빈 상자를 엎어서 씨름판을 만든 뒤 씨름 선수 2명을 올려놓고 상자 끝을 손가락으로 통통 두드려주세요. 먼저 넘어지는 쪽이 지는 놀이입니다. 씨름 선수 크기를 다르게 하거나 종이 두께를 바꿔서 놀이에 변화를 주어도 좋습니다.

그림자 놀이

방을 어둡게 한 다음 아이와 함께 천장을 바라보며 눕습니다. 손전등이나 휴대전화 불빛을 천장에 쏘아 올리고, 불빛 위에 손이나 물건을 비춰서 그림자를 만듭니다. 그림자는 손이나 물건을 불빛에 가까이 가져가면 커지고, 멀리 떨어지면 작아집니다. 손으로 다양한 동물 그림자도 만들어주고, 장난감이나 인형 그림자도 보여주세요.

아빠, 엄마 리모컨

아빠, 엄마 몸에 버튼처럼 생긴 큼지막한 스티커를 4~5개 붙입니다. 아이가 스티커를 누르면 "삐!", "랄랄라"처럼 재미있는 소리를 내주세요. 어떤 소리든 좋습니다. 버튼을 누르면 소리(또는 말)를 내고, 누르던 손을 떼면 소리를 멈추어야 합니다. 아이가 상황을 스스로 조절하는 즐거움을 맛볼 수 있습니다.

정글로 변했어요!

자주 지나다니는 길을 정글이라고 상상하며 걷는 놀이입니다. 길을 다리라고 상상하면서 떨어지지 않도록 합니다. "여기를 지나면 숲속일까?", "사자가 없는지 잘 살펴야 해!"라고 정글을 상상하면서 아이와 상호 작용해보세요. 건널목이나 차가 많은 위험한 곳에서는 하지 않습니다.

찍찍이를 찍찍

찍찍이를 아이가 손에 들 수 있는 길이로 잘라줍니다. 처음에는 끝을 접어서 떼기 쉬운 상태로 아이에게 건네줍니다. 아이는 찍찍이를 떼어낼 때 '찍찍', '쭈우욱' 하는 소리와 감촉이 즐거워서 몇 번이고 붙였다 떼었다 하며 놀이합니다.

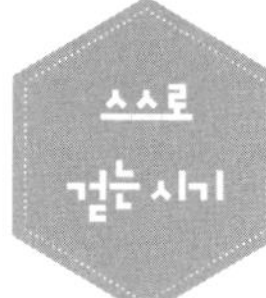

당기면서 레츠 고!

종이 상자를 끌 수 있도록 상자에 끈을 달고, 안에 장난감과 솜 인형을 넣어줍니다. 아이가 종이 상자를 끌면서 집 안을 산책하게 해주세요. 아이 전용 가방이나 상자를 마련해주면 아이 스스로 장난감을 담고 꺼내며 놀이합니다. 상자를 잡아끌면 움직인다는 점을 깨닫고 집 안 이곳저곳을 돌아다닙니다.

운동성이 향상되는 시기 | 이런 놀이도 있어요

3

운동성이 향상되는 시기

생후 24~36개월

	신장	체중
남자아이	81.4~104.4cm	9.8~17.71kg
여자아이	79.6~103.0cm	9.2~17.0kg

자립심과 호기심이 왕성해집니다.
키가 자라고 운동 능력이 향상됩니다.
단어 2~3개를 조합해 문장을 만들 수 있습니다.

운동 신경이 더욱 발달해서 빨리 걷기, 달리기, 점프하기는 물론 한 발 뛰기도 할 수 있습니다. 쪼그려 앉았다 일어나기, 조금 높은 곳에서 뛰어내리기도 할 수 있습니다.

균형 감각이 발달해서 까치발로 걷기, 한 발로 서기를 할 수 있습니다. 리듬에 맞춰 몸을 자유롭게 움직입니다.

자기주장이 더욱 강해지고 무조건 "싫어!"라고 말합니다. 자아가 형성되면서 일어나는 자연스러운 현상입니다.

지적 호기심이 왕성해져 "뭐야?", "왜?"라는 말을 자주 합니다. 귀찮게 여기지 말고 아이가 무엇을 궁금해하는지 유심히 듣고 대화합니다.

육아는

- 이유식에서 유아식으로 완전히 넘어갑니다. 숟가락과 포크를 잘 다루게 되면 젓가락 연습도 할 수 있습니다.
- 옷 입기 연습을 합니다. 아이가 직접 해보려고 하면 스스로 하도록 격려합니다.

놀이는

- 아이가 혼자서 놀이에 푹 빠져 있을 때는 조용히 지켜봅니다.
- 사회성을 기르도록 친구들과 어울려 놀 기회를 만들어줍니다.

운동성이 향상되는 시기

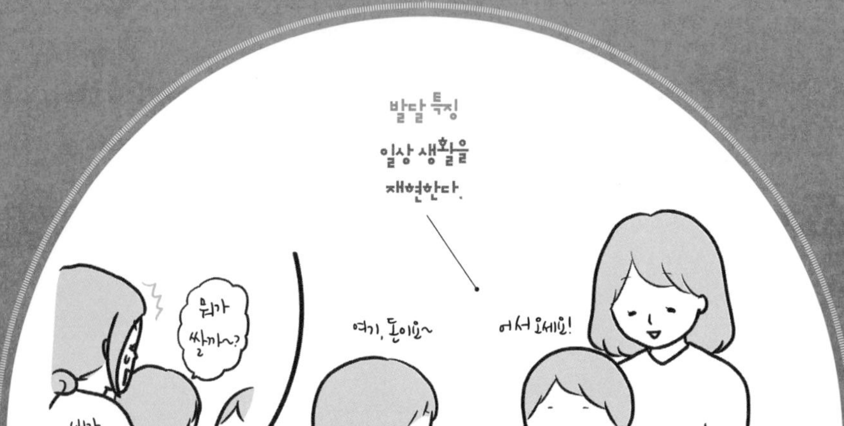

발달 특징
일상 생활을
재현한다.

여기, 돈이요~
어서 오세요!
뭐가 쌀까~?
내가 자주 쓰는 말인데!

마음이 쑥쑥

물건을 사고팔아요

가게 놀이를 합니다. 가게 직원과 손님 역할을 정해서 장난감을 사고팝니다. 가짜 돈과 쿠폰을 만들어서 현실감을 더해주어도 좋습니다.

일상에서 쉽게 접하는 물건에 상상력을 보태면 다양한 상황극 놀이를 할 수 있습니다. 가게 놀이, 소꿉놀이는 여자아이만 좋아한다는 고정 관념을 가진 부모가 있습니다. 그러나 이 시기에는 아이 성별에 상관없이 다양한 놀이를 경험하게 해주는 것이 좋습니다. 남자아이도 상황극 놀이에 흥미를 보이고 좋아합니다.

운동성이 향상되는 시기

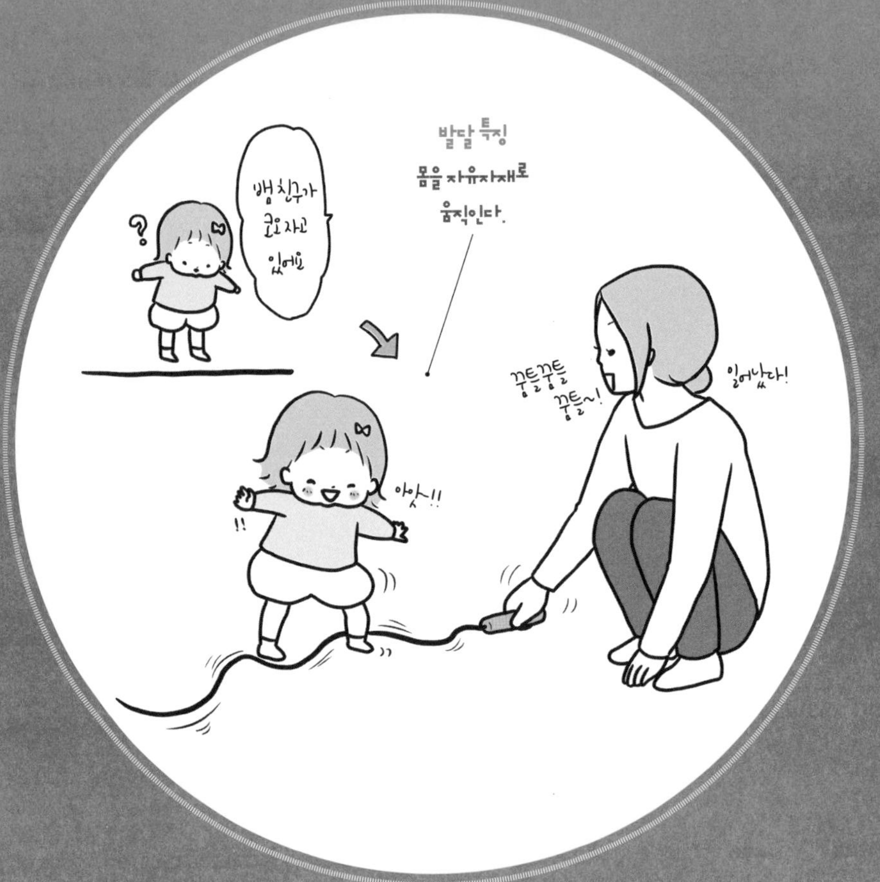

뱀 친구가
코오 자고
있어요

발달 특징
몸을 자유자재로
움직인다.

몸이 쑥쑥

뱀이 꿈틀꿈틀

준비물 긴 끈 또는 줄넘기 줄

줄넘기 줄이나 긴 끈을 뱀이라고 상상하고 줄을 피해 양발을 벌리거나 뛰어넘는 놀이입니다. 엄마, 아빠가 긴 끈을 바닥에 놓고 좌우로 꿈틀꿈틀 움직여줍니다. 끈 2개를 사용해 난이도를 높일 수 있습니다. 아이가 끈을 밟으면 "아얏!" 하고 말해줍니다.

줄을 뱀이라고 상상하면서 재미있게 놀이합니다. 아이가 움직이는 뱀을 밟지 않으려고 타이밍을 맞춰서 뛰어넘어야 합니다. 집중력과 순발력, 균형 감각 발달에 도움이 됩니다.

운동성이 향상되는 시기

몸이 쑥쑥

뒤로 걸어요

놀이 방법

아이와 함께 뒤로 걷기를 합니다. 아이 뒤에서 말을 걸며 아이를 북돋아주고, 아이가 엉덩방아를 찧지 않도록 도와줍니다.

놀이 효과

뒤로 걷기는 앞으로 걷기보다 더 많은 균형 감각을 필요로 합니다. 뒤로 똑바로 걷기 위해 몸 균형을 잡으면서 걸음걸이가 안정됩니다. 뒤로 걷기(뒷걸음질)를 하게 되면 점프도 잘 할 수 있습니다.

3

운동성이 향상되는 시기

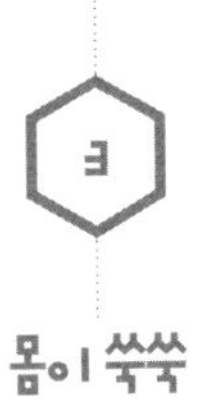

밀가루 반죽 놀이

준비물 밀가루 3컵, 물 1컵, 소금 1/4컵, 식용유 약간

❶ 물과 소금을 섞어 소금물을 만듭니다.
❷ 볼에 밀가루를 넣고 소금물을 조금씩 부으며 반죽합니다.
❸ 반죽이 수제비처럼 얇게 펴질 만큼 부드러워지면 손에 식용유를 묻히고 반죽 놀이를 합니다.

밀가루 반죽을 누르고 늘리고 비틀고 잡아떼고 뭉치면서 놀이합니다.

손가락 움직임을 원활하게 하고 감각을 길러줍니다. 밀가루 반죽을 자유자재로 만지면서 창의력을 발달시킵니다. 밀가룩 반죽은 곰팡이가 피거나 부패하지 않도록 랩으로 씌워 냉장고에 보관해 주세요(최대 1주일). 아이에게 밀가루 알레르기가 있다면 밀가루 대신 쌀가루나 문방구에서 파는 지점토를 사용합니다.

운동성이 향상되는 시기

잡아봐라~!

기다려~

앗, 꼬리를
계속 달고 있었네!

저녁

자,
목욕하자...

발달 특징
속도를 조절하면서
달린다.

몸이 쑥쑥

꼬리를 잡아요

준비물 손수건 또는 끈

아빠(엄마) 엉덩이에 손수건이나 끈으로 긴 꼬리를 달고 아이와 술래잡기를 합니다. 아이가 엉덩이에 달린 꼬리를 잡아 뽑으면 이기는 놀이입니다. 역할을 바꿔 아이가 술래가 되어 꼬리를 달고 도망 다녀도 좋습니다.

꼬리를 단 아빠(엄마)가 속도를 조절하며 달리다가 아이에게 꼬리를 잡히면 놀이가 끝납니다. 뛰어다니는 놀이인 만큼 넘어져도 다치지 않도록 넓고 안전한 장소에서 해주세요. 아이가 쫓아다니기도 하고, 쫓기기도 하면서 몸을 자유자재로 움직이며 달리는 재미를 맛볼 수 있습니다.

3

운동성이 향상되는 시기

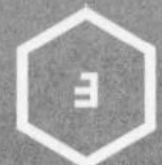

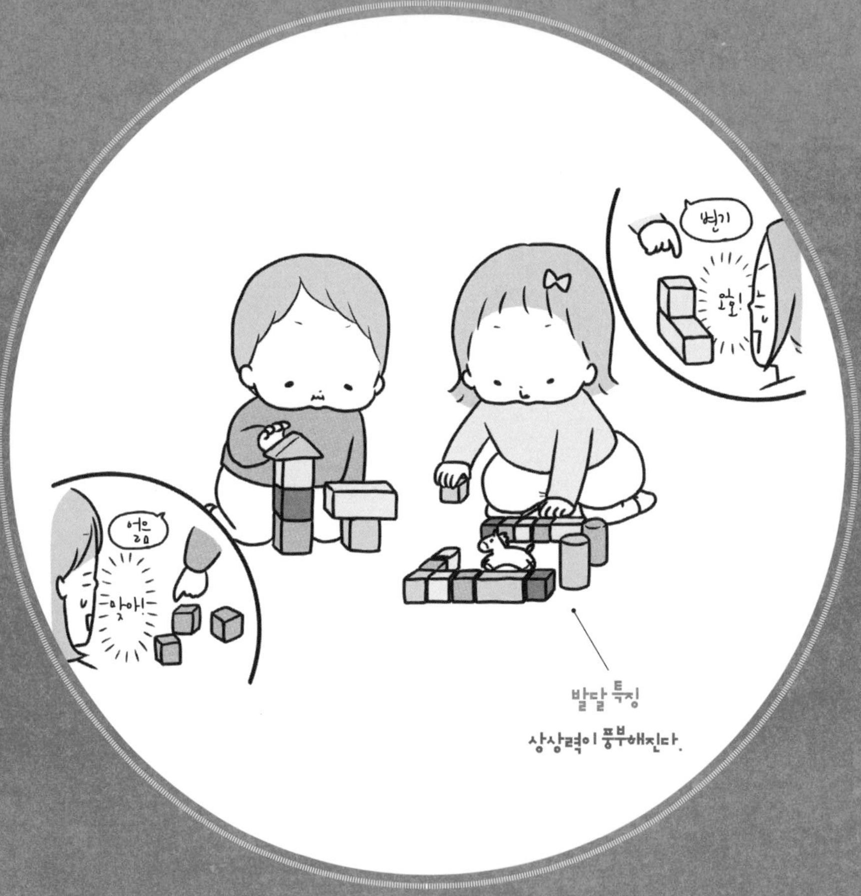

변기
얼음
맞아!
발달 특징
상상력이 풍부해진다.

마음이 쑥쑥

블록을 조합해요

준비물 모양이 다양한 블록

놀이 방법

블록을 자유롭게 조합하며 놀이합니다. 아이는 블록을 조합해서 무엇을 만들지 상상합니다. 아이가 블록을 가지고 묵묵히 놀 때는 집중할 수 있도록 조용히 지켜봅니다.

놀이 효과

블록을 쌓고 무너뜨리면서 머릿속으로 생각한 대로 만들려고 합니다. 동물 장난감이나 모양이 다양한 블록을 추가해주세요. 아이가 상상력을 펼치는 데 도움이 됩니다.

운동성이 향상되는 시기

너무 높아...

저기도 걸어요!

몸이 쑥쑥

길을 따라 걸어요

놀이 방법

산책할 때 낮게 솟은 블록 위나 보행로를 따라 걷습니다. "이 아래는 강이에요. 떨어지면 위험해요"처럼 아이가 상상의 나래를 펼칠 수 있는 이야기를 들려줍니다. 아이 곁에서 함께 걸으며 아이가 균형을 잡을 수 있도록 도와줍니다.

놀이 효과

균형 감각, 공간 지각 능력 발달에 도움이 됩니다. 몸을 사용하는 상황극 놀이로 아이의 상상력을 키울 수 있습니다.

운동성이 향상되는 시기

마음이 쑥쑥

누가 더 빠를까?

공원의 습한 곳이나 화분 아래에서 종종 볼 수 있는 무당벌레. 무당벌레 몇 마리를 플라스틱 상자에 넣고 누가 먼저 목표 지점에 도착하는지 응원하는 놀이입니다. 경주가 끝나면 무당벌레를 자연으로 돌려보내줍니다.

무당벌레 레이스는 여자아이와 남자아이 모두 좋아하는 놀이입니다. 알록달록하고 동그란 무당벌레 모습을 관찰할 수 있습니다. 쉽게 접하는 곤충에 흥미를 느끼면 자연을 향한 관심도 넓어집니다. 점차 사슴벌레와 장수풍뎅이에게도 흥미를 보입니다.

운동성이 향상되는 시기

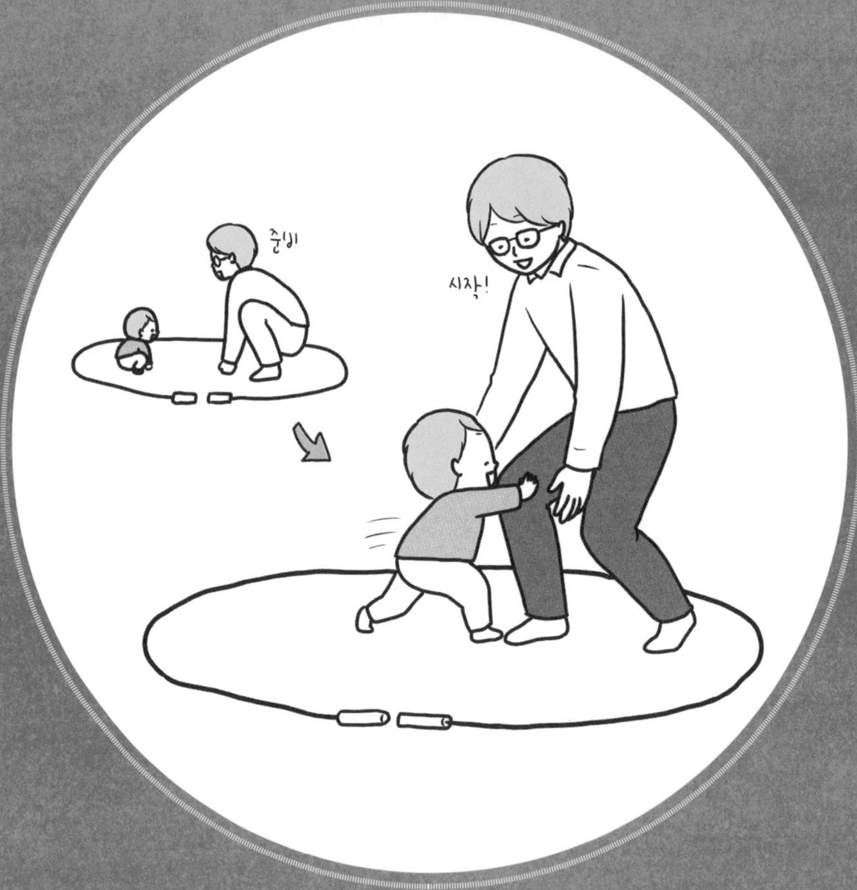

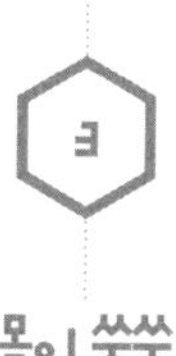

준비, 시작!

준비물 긴 끈 또는 줄넘기 줄

❶ 줄넘기 줄이나 긴 끈으로 씨름판을 만듭니다.
❷ 아이와 함께 안으로 들어가 씨름 놀이를 합니다. 아이가 아빠, 엄마를 있는 힘껏 밀어붙이면 "조금 더"라고 북돋아줍니다.

씨름은 하체를 단련시키고 균형 감각을 길러줍니다. 밀고 밀리는 과정을 통해 어떻게 외부 힘에 맞서야 하는지 터득하게 됩니다. 이기기도 하고 져주기도 하면서 아이와 대결해주세요. 아이가 넘어져도 다치지 않도록 넓은 곳에서 놀이합니다.

운동성이 향상되는 시기

마음이 쑥쑥

오늘 이야기

자기 전 아이에게 짧은 이야기를 들려줍니다. 일상에서 있었던 소소한 이야기도 좋고, 아이를 주인공으로 한 이야기도 좋습니다. 옛날이야기를 들려주듯 재미있게 말합니다.

아이는 이야기를 들으며 상상의 나래를 펼칩니다. 어휘력과 표현력도 쑥쑥 향상됩니다. 부모가 함께 하는 이야기 시간이 아이에게 정서적 안정감을 줍니다.

운동성이 향상되는 시기

발달 특징

균형 감각을 익힌다.

볼을 굴려요!

엄마 아빠도 즐겁게

내기해

후회할 텐데

몸이 쑥쑥

볼링공을 굴려요

준비물 빈 페트병, 공, 색종이

❶ 빈 페트병 안에 알록달록 색종이를 넣어줍니다.
❷ 적당한 거리에서 공을 굴려 페트병을 쓰러뜨리는 볼링 놀이를 합니다.
❸ 공을 굴리는 거리를 조금씩 넓혀 나갑니다.

목표를 향해 공을 굴리며 몸의 균형 감각을 발달시키는 놀이입니다. 쓰러진 핀 개수에 따라 성취감을 맛볼 수 있습니다. 공은 말랑말랑하고 아이가 품에 안을 수 있는 크기가 좋습니다.

운동성이 향상되는 시기

몸이 쑥쑥

손을 앞으로 뒤로

1
10cm 정도 높은 곳에 올라가 무릎을 굽히고 손을 앞으로 흔듭니다.

2
무릎을 펴고 손을 뒤로 흔듭니다.

3
다시 무릎을 굽히고 손을 앞으로 흔듭니다.

4
바닥에 두 발로 뛰어내립니다.

부모가 먼저 아이에게 시범을 보여줍니다. 손을 앞뒤로 크게 흔들고 안정된 자세로 뛰어내리는 동작을 보여줍니다.

"손을 앞으로", "손을 뒤로" 말에 맞춰 몸을 움직이며 균형을 잡는 놀이입니다. 몸 굽히기, 점프하기, 착지하기 동작이 전신을 자극합니다. 운동하기 전 준비 운동으로 해도 좋습니다.

3

운동성이 향상되는 시기

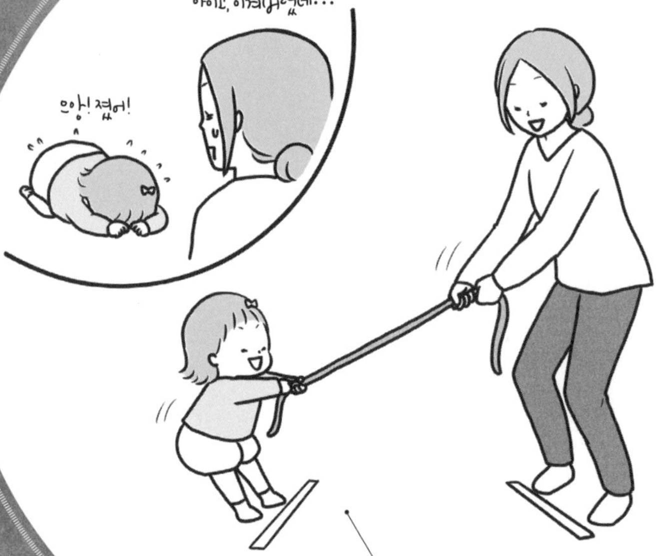

발달 특징

팔을 굽혀서 잡아당긴다.

몸이 쑥쑥

줄다리기

준비물 긴 줄 또는 큰 타월

아이와 둘이서 긴 줄이나 타월을 잡고 서로 잡아당기며 줄다리기 합니다. 바닥에 선을 그어 놓고 선을 넘지 않는다는 규칙을 정해도 좋습니다.

팔을 굽히고 몸을 뒤로 젖혀서 버티는 동작을 터득합니다. 손과 다리 힘을 기르고 배와 등 근육을 단련할 수 있습니다. 힘의 강약을 조절해 잡아당기기도 하고 끌려가기도 해주세요. 아이는 온 힘을 다해 줄을 잡아당기기 때문에 엄마(아빠)가 먼저 줄을 놓으면 안 됩니다.

운동성이 향상되는 시기

마음이 쑥쑥

주먹밥을 쥐엄쥐엄

준비물 밥, 랩, 다양한 식재료

1

2

놀이 방법

1. 접시나 도마 위에 랩을 펼칩니다. 한가운데에 밥을 놓고 재료를 취향껏 올립니다.

2. 랩 네 모서리를 한가운데로 모은 다음 복주머니처럼 비틀어서 밥을 뭉쳐줍니다.

아이와 함께 하는 요리 놀이입니다. 다양한 식재료와 밥을 준비해 뭉치고 담으며 주먹밥을 직접 만듭니다. 갓 지은 밥은 무척 뜨거우니 한김 식히고 사용합니다.

놀이 효과

음식을 직접 만들어 먹는 즐거움을 경험하게 해주세요. 요리할 때는 앞치마와 두건을 두르고, 손을 씻어야 한다는 사실을 자연스럽게 배우게 됩니다. 요리하기부터 맛있게 먹기까지 과정을 알면 식사 시간이 더욱 즐거워집니다.

운동성이 향상되는 시기

토마토

여주

오이

마음이 쑥쑥

채소를 키워요

❶집에서 쉽게 키우고 수확할 수 있는 채소 모종을 고릅니다.
❷화분에 흙을 채우고 채소 모종을 심습니다.
❸채소가 자라도록 물을 주고 햇빛을 쐬어줍니다.

물을 너무 많이 주면 뿌리가 썩을 수 있습니다. 흙 상태를 확인하고 물을 줍니다.

아이와 함께 채소가 자라나는 과정을 지켜보는 기쁨과 수확하는 즐거움을 맛볼 수 있습니다. 정성을 쏟은 채소가 자라서 결실을 맺으면 성취감도 느낄 수 있습니다.

3

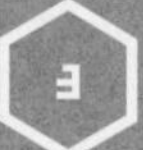

운동성이 향상되는 시기

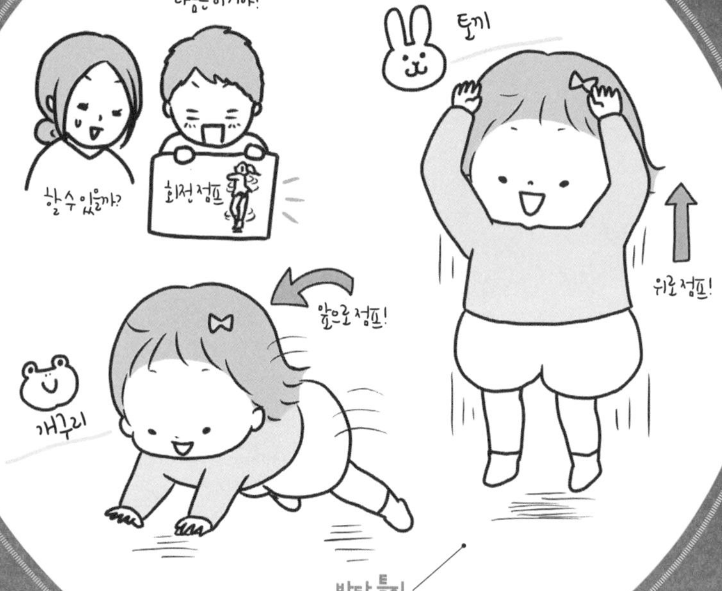

발달 특징

몸을 생각대로 움직인다.

몸이 쑥쑥

동물 점프!

놀이 방법

토끼, 개구리를 흉내 내며 앞이나 위로 점프합니다. 고양이, 캥거루 등 다양한 동물 점프에 도전합니다.

놀이 효과

손을 머리 위로 올리고 두 발로 뛰어오르기, 쪼그려 앉아 양손을 앞으로 짚고 점프하기 등 동물을 흉내 내며 점프해보세요. 순발력과 균형 감각을 기를 수 있습니다. 아이가 점프 놀이에 심취하면 힘을 주체하지 못하고 넘어지기도 합니다. 다치지 않도록 널찍하고 안전한 장소에서 놀이합니다.

운동성이 향상되는 시기

마음이 쑥쑥

종이 기차가 나가요

❶ 종이 상자의 윗면과 아랫면을 잘라 기차를 만들어줍니다.

❷ 종이 상자 옆면에 창문을 그리고, 아이가 종이 상자를 쉽게 잡을 수 있도록 손을 넣는 구멍을 뚫어줍니다.

탈 것을 이용한 상황극 놀이입니다. 역할을 바꿔가며 놀면 공감 능력을 기를 수 있습니다. "속도는 몇 킬로미터예요?", "지금 무슨 역이에요?"라고 아이와 상호 작용하는 것도 잊지 마세요. 승용차, 소방차, 경찰차를 만들어도 좋습니다.

운동성이 향상되는 시기

발달 특징

한 발로 점프한다.

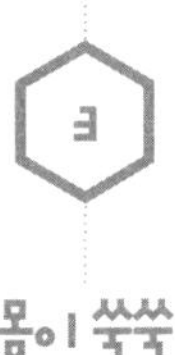

몸이 쑥쑥

폴짝 폴짝 쿵!

❶ 훌라후프나 지름 30~40cm 정도의 원을 만들 수 있는 끈을 준비합니다.
❷ 바닥에 훌라후프나 끈으로 원을 여러 개 만듭니다.
❸ 원에서 원으로 멀리뛰기 놀이를 합니다.

원은 리본 끈과 셀로판테이프를 활용해 만들어도, 알록달록한 색종이를 오려 만들어도 좋습니다. 끈이나 테이프가 아이 발에 걸리지 않도록 조심합니다.

한 발로 여러 번 점프할 수 있습니다. 제자리에서 한 발로 멀리 뛰는 동작은 순발력과 균형 감각을 필요로 합니다. 처음에는 부모가 안정된 자세로 점프하는 시범을 보여주세요.

운동성이 향상되는 시기

마음이 쑥쑥

알록달록 주스 가게

준비물 페트병, 물, 식용 색소

1
페트병에 물을 넣고, 식용 색소를 1 스푼 넣어줍니다.

2
식용 색소를 넣어 색깔이 다양한 주스를 만듭니다.

페트병에 든 주스를 컵에 따르기도 하고, 그릇에 옮겨 담으면서 놀이합니다.

투명한 물이 알록달록한 색으로 물드는 신기한 현상을 경험합니다. 안정된 자세로 컵에 주스를 따를 수 있습니다. 아이가 먹지 않도록 잘 살펴봅니다.

운동성이 향상되는 시기

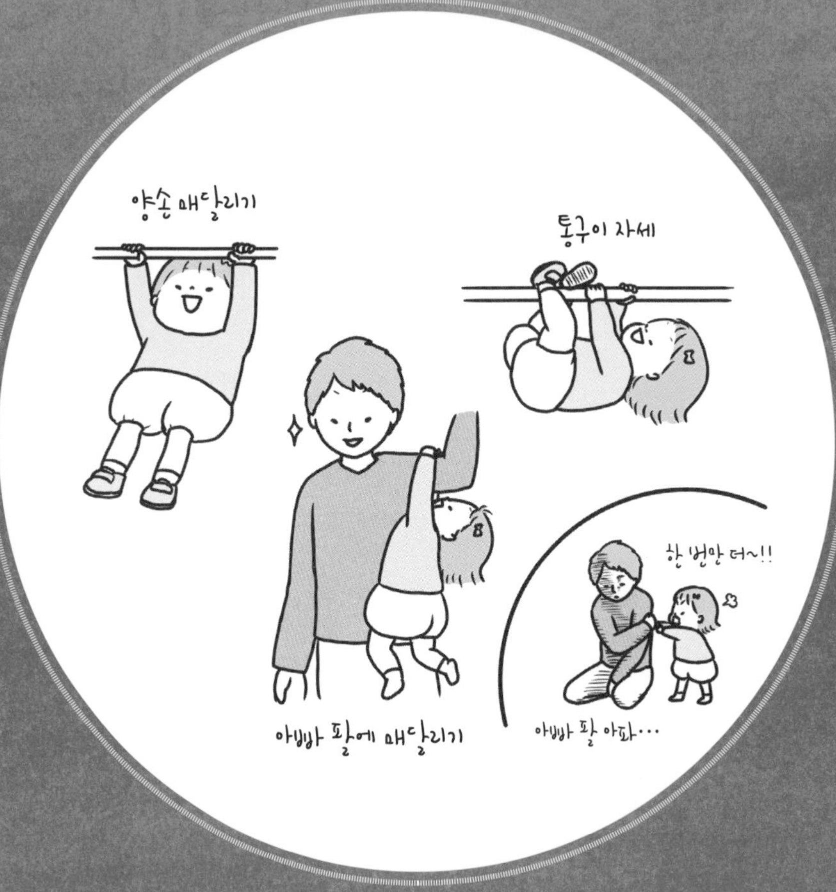

양손 매달리기

통구이 자세

아빠 팔에 매달리기

한 번만 더~!!

아빠 팔 아파···

몸이 쑥쑥

철봉에 대롱대롱

아이용 철봉이 있는 놀이터에서 철봉 놀이를 합니다. 양손으로 매달리기, 양팔과 양다리로 매달리기 등 다양한 방법으로 철봉에 매달립니다. 철봉 대신 아빠 팔에 매달려도 재미있습니다.

팔은 물론 배와 다리 근육을 자극해 전신 운동이 됩니다. 스스로 몸을 지탱하면서 균형을 잡을 수 있습니다. 매달리는 위치에 따라 눈앞에 경치가 달라지는 경험도 할 수 있습니다.

운동성이 향상되는 시기

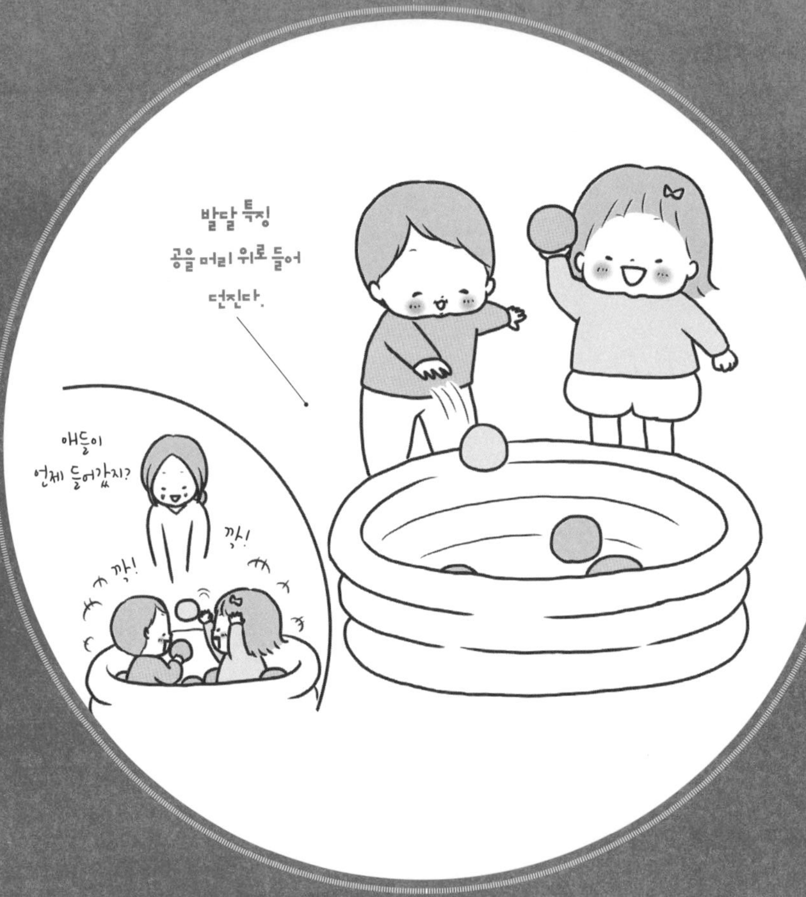

발달 특징
공을 머리 위로 들어
던진다.

애들이
언제 들어갔지?

깍!

깍!

몸이 쑥쑥

높이 들어 던져요

준비물 큰 통 또는 에어풀장, 공

❶아이가 들어갈 만큼 큰 통이나 에어풀장을 적당한 곳에 설치합니다.

❷통 안에 물을 조금 넣어줍니다.

❸아이가 공을 손에 쥐고 높이 들어 통 안으로 힘껏 던지게 합니다.

지금까지는 공을 굴리기만 했지만 어깨뼈가 움직이는 범위가 넓어지면서 머리 위로 팔을 들어 공을 던질 수 있습니다. 공 대신 똘똘 뭉친 신문지도 좋습니다. 신문지는 가벼워서 큰 통이나 에어풀장 가까이에서 던지면 골인시키기 한결 쉽습니다.

운동성이 향상되는 시기

개미야 안녕?

개미는 바깥에서 쉽게 볼 수 있는 곤충입니다. 아이가 분주하게 움직이는 개미에게 관심을 보이면 먹이를 조금 뿌려 두고 개미가 움직이는 모습을 관찰하게 해줍니다. 개미 관찰 도구가 있으면 분주히 움직이는 개미 모습을 집에서도 관찰할 수 있습니다.

생명체의 움직임과 특성을 자세히 관찰하게 해주세요. 자연을 향한 호기심이 발달합니다. 아이가 호기심을 충족할 수 있는 환경을 만들어줍니다.

운동성이 향상되는 시기

마음이 쑥쑥

나는 아기 엄마

아이는 역할극 중에서도 엄마 놀이를 무척 좋아합니다. 인형과 소꿉놀이 장난감만 있으면 엄마 놀이를 합니다.

인형을 가지고 노는 역할극 놀이입니다. "코오 자자", "자, 아~해봐" 등 평소 엄마가 쓰는 말을 인형에게 그대로 합니다. 일상을 재현하면서 놀이 세계에 푹 빠져듭니다.

이런 놀이도 있어요

생후 24~36개월

스스로 하는 일이 많아지는 시기

돌에 그림을 그려요

길이나 강에서 주운 적당한 크기의 돌에 크레파스, 매직 등으로 그림을 그려보세요. 사람 얼굴, 도형, 돌 모양에서 연상되는 동물 등 무엇이든 좋습니다. 완성한 돌 그림은 현관에 장식해두거나 장식품으로 써도 좋겠죠? 근처 공원이나 길가에서, 또는 여행 가서 주워 온 돌에 그림을 그리면 행복한 기억으로 남을 수 있습니다.

언제가 즐거워?

목욕할 때나 잠자기 전 이불을 덮고서 "놀이터에서 만든 산, 진짜 멋졌지?", "같이 먹은 푸딩 맛있었어"라고 그날 즐거웠던 일을 이야기해주세요. 아이가 했던 행동이나 말을 도란도란 이야기하면서 즐거웠던 순간을 떠올려보세요. 그날 경험한 일뿐만 아니라 특별히 즐거웠던 날의 기억을 떠올려 이야기해도 좋습니다.

차를 마셔요

차를 담은 물통을 가지고 마당이나 베란다로 나가 아이와 티타임을 즐겨보세요. 부드러운 바람 소리와 나뭇잎 사이로 비치는 햇빛을 느끼면서 함께 도란도란 차를 마십니다. 거실에서 창문을 열고 바깥에서 들려오는 소리에 귀 기울여도 좋습니다. 바깥 활동을 할 수 없을 때 가볍게 기분 전환을 할 수 있습니다.

매끈매끈 모래 반죽

아이는 흙 놀이를 무척 좋아합니다. 모래에 물을 뿌린 다음 뭉쳐서 반죽을 만들어보세요. 모래 반죽 표면에 살짝 적신 모래를 덧입혀서 둥글고 매끈한 떡을 만들어도 좋습니다. 꾹 힘을 줘서 모래 물기를 짜내면 표면을 매끈하게 다듬기 쉬워집니다. 마지막에 여러 번 부드럽게 문질러줍니다.

그림자밟기

땅에 드리운 그림자가 상대에게 밟히지 않도록 피하는 놀이입니다. 도망치기도 하고, 다른 그림자 안에 들어가 그림자를 숨기기도 합니다. 아이가 걷기 싫어할 때 "엄마 그림자 밟고 따라오세요", "우리 ○○이 그림자 밟는다~"라고 말하며 그림자밟기 놀이를 통해 아이가 스스로 걷도록 유도합니다.

묵찌빠, 간질간질

아이와 가위바위보를 해서 이긴 사람이 진 사람을 간지럼 태우는 놀이입니다. 아이가 간지럼을 싫어하면 바로 멈춰주세요. 아이들은 '가위' 손동작을 어려워합니다. "엄지와 검지를 펴고 나머지 손가락은 접는 거야"라고 부모가 직접 도와줍니다.

아기 발달 놀이 도감

초판 1쇄 인쇄 | 2020년 5월 29일
초판 1쇄 발행 | 2020년 6월 10일

지은이 | 이케다쇼텐 편집부
옮긴이 | 백운숙
발행인 | 윤호권·박헌용

본부장 | 김경섭
책임편집 | 정상미
기획편집 | 정은미·정인경·김하영
디자인 | 정정은·김덕오·양혜민
마케팅 | 윤주환·어윤지·이강희
제작 | 정웅래·김영훈

표지 및 본문 디자인 | A.u.H design
일러스트 | 모치코

발행처 | 지식너머
출판등록 | 제 2013-000128호
주소 | 서울특별시 서초구 사임당로 82(우편번호 06641)
전화 | 편집 (02) 3487-1151·영업 (02) 3471-8044

ISBN 979-11-6579-029-5 13590

지식너머는 (주)시공사의 임프린트입니다.